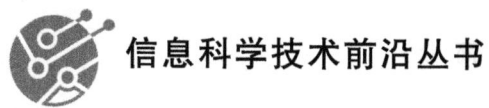
信息科学技术前沿丛书

基于深度学习的网络流量异常检测及隐私安全防护研究

闫晓丹 著

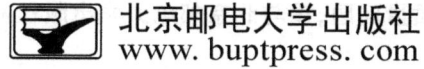
北京邮电大学出版社
www.buptpress.com

内容简介

本书系统地介绍了基于深度学习的网络流量异常检测与隐私安全防护技术，涵盖理论、技术与应用实践。本书包括网络异常检测与隐私保护的概念、目标、特征、发展历程、关键技术、典型应用、面临的挑战及其与网络安全的关系；相关算法理论基础，如深度学习理论、协同学习理论和生成对抗网络理论；核心技术基础，包括大数据分析技术、神经网络模型技术和加密保护技术。本书还详细介绍了异常流量检测、误植域名识别、恶意域名检测和隐私防护技术，结合实际案例展示了这些技术在应对网络安全威胁中的作用。

本书可作为高等院校网络安全、人工智能、数据科学等专业的教材，也可供相关领域的教师、研究生、研究人员和技术人员参考，为应对复杂网络安全问题提供全面指导。

图书在版编目（CIP）数据

基于深度学习的网络流量异常检测及隐私安全防护研究 / 闫晓丹著. -- 北京：北京邮电大学出版社，2025.
ISBN 978-7-5635-7582-4

Ⅰ. TP393.08

中国国家版本馆 CIP 数据核字第 2025EE9241 号

策划编辑：刘纳新　　责任编辑：蒋慧敏　　责任校对：张会良　　封面设计：七星博纳

出版发行：	北京邮电大学出版社
社　　址：	北京市海淀区西土城路 10 号
邮政编码：	100876
发 行 部：	电话：010-62282185　传真：010-62283578
E-mail：	publish@bupt.edu.cn
经　　销：	各地新华书店
印　　刷：	保定市中画美凯印刷有限公司
开　　本：	720 mm×1 000 mm　1/16
印　　张：	8
字　　数：	136 千字
版　　次：	2025 年 7 月第 1 版
印　　次：	2025 年 7 月第 1 次印刷

ISBN 978-7-5635-7582-4　　　　　　　　　　　　　　　定　价：58.00 元

·如有印装质量问题，请与北京邮电大学出版社发行部联系·

前　　言

随着5G、人工智能、大数据、工业互联网等新型基础设施建设的推进，网络已渗透到人们日常工作和生活的各个方面，同时也带来了很多安全问题，这对数据保护、安全防护等工作提出了更高要求。因此，如何保障隐私和数据安全成为当前的最大挑战。网络安全的重要衡量标准之一是检测网络异常的能力，机器学习、深度学习等方法被广泛应用于异常流量检测。然而，随着网络规模持续激增，海量、动态、多变的大数据维度随之增加，加之网络犯罪手段越来越隐蔽，传统安全检测方法无法满足安全攻防需求，且能够挖掘到的危险信息有限。另外，在特征工程方法中，额外的描述信息会提升实验的时间复杂度和最终模型的复杂度，将极大地提升计算时间，并造成"维度灾难"。针对隐私保护方面，新型的基于生成对抗网络(GAN)的攻击可以打破协同深度学习的防护方法，还原出训练数据集，从而使用户个人敏感信息泄露。如何在不泄露个人敏感信息的前提下提升数据可用性，是当前深度学习应用面临的主要问题。

本书主要研究了在复杂场景下网络流量异常检测技术、基于双向LSTM误植域名检测技术、基于URL嵌入的恶意域名检测技术、基于协同深度学习的隐私安全防护技术。主要工作和创新成果如下。

(1) 针对海量数据在大数据分析过程中出现的数据倾斜问题，以及集群中因任务超时、内存溢出等现象造成的性能障碍，本书提出了一种基于自适应学习率和动量的小批量梯度下降铰链分类算法，用于检测异常数据并最大限度降低安全攻击的影响。与传统的神经网络、决策树和逻辑回归相比，该算法在规模和速度上都显著提高了深度网络的训练性能，能够将整个训练集的损失函数最小化，得到近似全局最优值。我们采用异步批量梯度下降算法，从序列化和压缩的角度来进行调优；采用批量梯度下降算法训练数据子集，减轻参数服务器的压力，解决了大数据Shuffle阶段的数据倾斜问题。通过实现该算法的并行框架，不仅加快了海量数据的处理速度，还大幅减轻了参数服务器的负担。

(2) 当面临海量网络数据及复杂高维入侵行为特征等安全挑战时，传统检测技术存在建模能力不足及"维度灾难"等问题。针对这些困境，本书提出一种基于双向 LSTM 误植域名检测技术，以提升在大规模域名集合上的误植域名检测速度。该技术通过研究长短期记忆神经网络和卷积神经网络，运用分层次抽象思想，能够学习非常复杂的函数，有效处理大量的高维复杂数据，从而增强建模能力，提升在大规模域名集合上的误植域名检测速度。已有的误植域名检测工作多以计算域名对之间的编辑距离为基础，未充分挖掘域名的上下文信息，且对短域名的检测易产生大量的假阳性结果。本书采用基于域名字符串的轻量级检测策略，并引入双向 LSTM 来充分利用域名的上下文信息，提高检测效果。通过设计面向域名的局部敏感哈希函数，提升在大规模域名集合上的误植域名检测速度。通过改进基于编辑距离的检测方法的不足，有效实现误植域名滥用检测。

（3）针对海量恶意域名具有隐蔽性和动态多变的特性，本书提出了一种基于域名嵌入的无监督学习算法来取代特征工程的方法，该算法能有效提升对恶意域名特征的提取效果，进而提升检测性能。机器学习算法可以帮助我们更容易地识别隐藏在庞大流量中的异常信息或恶意域名。优质特征可以显著提升机器学习算法的性能，但特征工程任务必须在内存中执行，可能引入人为偏差并面临维度灾难。

（4）针对生成对抗网络攻击模型在协同深度学习训练过程中造成的严重隐私泄露问题，本书提出了一种基于深度卷积生成对抗网络的隐私保护方法，该方法能有效提升生成对抗网络攻击模型的防护效果。在协同深度学习训练过程中，基于深度卷积生成对抗网络的隐私保护方法存在严重的信息泄漏风险。该方法在深度网络参数传输过程中采用加密传输方式，并设置埋点以检测网络中的生成对抗网络的强力攻击。调整训练参数使生成对抗网络攻击模型的训练失效，从而有效地保护了信息。在此基础上，本书的研究还提升了基于深度卷积生成对抗网络的隐私保护方法的稳定性，并通过实验验证其有效性。

目 录

第1章 绪论 ··· 1

  1.1 研究背景与研究意义 ·· 1

  1.2 国内外研究现状 ··· 4

    1.2.1 复杂场景下流量检测方案研究现状 ························· 4

    1.2.2 恶意域名检测方案研究现状 ·································· 9

    1.2.3 深度学习的攻击模型研究现状 ······························ 19

  1.3 本书的主要研究内容 ··· 22

  1.4 本书的组织结构 ·· 24

第2章 复杂场景下网络流量异常检测技术 ························· 27

  2.1 引言 ··· 27

  2.2 基于铰链分类算法的网络流量检测算法 ······················· 31

    2.2.1 铰链分类算法损失函数 ······································ 31

    2.2.2 铰链分类算法的优化方法 ··································· 33

    2.2.3 基于 HCA-MBGDALRM 分析 ······························ 33

    2.2.4 并行 HCA-MBGDALRM 框架 ······························ 38

  2.3 性能评估 ··· 40

    2.3.1 训练样本 ·· 41

    2.3.2 铰链分类算法优化 ··· 41

    2.3.3 实验与分析 ·· 43

  本章小结 ··· 47

第3章 基于双向 LSTM 误植域名检测技术 ························ 48

  3.1 引言 ··· 48

  3.2 双向递归神经网络的层次结构 ··································· 52

  3.3 双向递归神经网络层次结构的性能 ····························· 58

3.3.1　模型培训与评价指标 ……………………………… 58
　　3.3.2　实验与分析 ……………………………………… 59
本章小结 …………………………………………………………… 63

第 4 章　基于 URL 嵌入的恶意域名检测技术 …………………… 64

4.1　引言 …………………………………………………………… 64
4.2　URL 嵌入的分布式表示 …………………………………… 67
　　4.2.1　URL 嵌入的架构 ………………………………… 67
　　4.2.2　URL 嵌入的算法 ………………………………… 68
4.3　性能评估 ……………………………………………………… 71
　　4.3.1　数据集 ……………………………………………… 71
　　4.3.2　实验与分析 ………………………………………… 72
本章小结 …………………………………………………………… 79

第 5 章　基于协同深度学习的隐私安全防护技术 ………………… 80

5.1　引言 …………………………………………………………… 80
5.2　攻击模型 ……………………………………………………… 82
　　5.2.1　协同深度学习 ……………………………………… 82
　　5.2.2　针对本地参数对 CDL 的攻击 …………………… 85
　　5.2.3　针对全局参数对 CDL 的攻击 …………………… 88
5.3　攻击模型训练相关探究 ……………………………………… 88
　　5.3.1　本地模型训练 ……………………………………… 88
　　5.3.2　全局模型训练 ……………………………………… 91
5.4　基于深度卷积生成对抗网络的隐私保护方法 ……………… 92
　　5.4.1　系统架构 …………………………………………… 92
　　5.4.2　防护分析 …………………………………………… 94
5.5　实验与分析 …………………………………………………… 95
　　5.5.1　数据集 ……………………………………………… 95
　　5.5.2　实验与结果 ………………………………………… 95
本章小结 …………………………………………………………… 99

参考文献 …………………………………………………………… 100

第 1 章 绪 论

1.1 研究背景与研究意义

随着 5G、人工智能、大数据、工业互联网等新型基础设施建设的开展,高速网络、智能化应用丰富了我们的日常生活,然而病毒、漏洞等隐患也随之而来,对数据共享以及隐私信息防护等方面提出了更高要求,如何保障隐私和数据安全成为当前最大挑战。特别是在金融、医疗领域,大数据、人工智能技术的应用加速了智慧金融和智慧医疗的发展,但是逐步升级的网络攻击对社会发展造成了极大的阻碍[1-4]。新基建发展迅速造成智能硬件设备激增,网络规模扩大,产生的数据也同步激增。面对海量的、高维的、多样的网络数据,传统的入侵检测技术显得无能为力,难以应对新型的安全漏洞和网络攻击。大部分企业依然通过传统的安全防护措施来维护内部数据的安全和系统的稳定,包括入侵检测、防火墙、数据加密、访问控制等,显然无法应对未来基于大数据的网络安全防护,更无法为数据共享提供安全保障。在面临海量数据时,仅依靠收集操作系统、应用程序以及网络运行数据,并由安全专家来人工制定策略,用以应对监控系统或网络中的恶意行为与攻击,已无法保障系统和网络安全。

当前企业以及科研人员关注的重点是如何保障系统不被攻击,维护内部数据和共享数据的完整、可用以及私密的特性[5]。异常流量检测通常被归为流量的分类问题,神经网络[6-7]、决策树[8]、逻辑回归[9]等机器学习相关技术在流量分类中得到了广泛的应用,并取得了令人满意的结果,提高了检出率,得到了较低的假阳性率。它用于生成检测网络异常的应用程序,在数据安全中起着至关重要的作用。在大数据时代,深度学习等智能方法在异常流量检测中得到了广泛的应用。网络安全的重要基准之一是检测网络异常的能力,遗憾的是,面对海量、多样、高速的流量数据,检测效率仍面临严峻挑战。目前,针对海量数据的训练模型,在效率和准确性方面仍存在显著提升空间。此外,传统的分类方法,包括神经网络、决策树和逻辑回归,其准确性受数据规模的影响较大。机器学习、深度学习的引入为多维动态的网络数据的检测奠定基础,安全专家可以根据已有的专业经验提取特征,进一步对未知的数据进行分类或预测,最终可以有效地检测异常流量,但随着网络数据激增,攻击手段越来越隐蔽,对于机器学习、深度学习等人工智能技术的效率和准确性带来了挑战。

深度学习的突破促进了图像识别和语音识别等领域的发展,无人驾驶、同声翻译、医学影像检查等智能化应用也逐步开始商用,越来越多的研究者聚焦探索深度学习[10-12]。在异常流量检测任务中,深度学习不仅在性能上优于传统检测方法,更在检测精度与效率方面超过了安全专家的设想。训练数据集的规模、算法架构、特征等密切影响异常流量检测模型的性能。同时,训练数据集中涉及隐私数据,其隐私数据泄露问题依然严峻。训练数据集通常会采用加密手段进行保护,但是给数据共享和利用带来阻碍。近年来,协同深度学习为多方数据共享合作提供了保障,但是在特定条件下,训练数据集的隐私性会被强力的攻击手段打破,造成隐私数据泄露[13]。因此,如何在数据共享和利用过程中保证数据的安全性,是深度学习未来发展的极大挑战。

近年来,网络安全越来越受国家的重视,传统的安全检测和隐私安全防护方法已经无法满足当前对安全攻防的要求,这主要是因为网络规模激增,数据呈现海量、多变、高维等特点,网络犯罪技术更加隐秘,挖掘的危险信息的风险是有限的。因此,针对未来的海量异常流量检测及数据共享的隐私泄露防护方面的探索和研究具有重要意义。我们研究基于网络攻击造成隐私泄露的规律和特点,提出基于深度卷积生成对抗网络的隐私保护方法,在深度网络参数传输过程中采用加密传输,可保护协同深度学习训练的信息并增强其稳定性,有效地阻止了非授权访问引发的数据泄露。同时,针对多样性的网络环境中恶意域名隐蔽性和动态多变的特性,实现域名嵌入的无监督学习算法,提高恶意域名识别的性能,并解决人为主观因素的干扰及维度灾难,可帮助我们更容易地识别隐藏在云端流量中的异常攻击。另外,设计实现基于自适应学习率和动量的小批量梯度下降铰链分类算法,在规模和速度上都提高了深度网络训练的性能,并解决了大数据 Shuffle 阶段的数据倾斜问题,提高云计算稳定性,以最大程度地减少安全攻击的影响以及不可信云服务提供商接触数据的范围,保护用户数据隐私。

随着5G、人工智能、大数据等技术的快速发展,深度学习已广泛应用于图像识别、语音识别、自然语言处理等领域,并逐渐成为网络安全检测的重要工具。然而,深度学习模型在面对生成对抗网络(GAN)等攻击时暴露出显著的脆弱性。例如,GAN 可以通过生成伪造数据窃取训练样本或操控模型输出,特别是在金融、医疗等涉及敏感数据的领域,这种攻击将对用户隐私和数据安全构成严重威胁。

协同深度学习因能够实现多方数据共享而受到广泛关注,但其共享机制也成为攻击者的突破口。恶意参与者通过伪装为协作节点,在训练过程中利用生成对抗网络或其他攻击手段窃取数据,破坏数据隐私性。与此同时,随着物联网设备激增,网络流量呈现海量、高维和动态特征,传统的入侵检测技术在处理大规模数据和应对隐蔽攻击方面难以有效应对。如何保障数据隐私和系统安全成为网络安全研究的核心问题。

近年来,差分隐私技术被广泛应用于深度学习中,通过在训练过程中注入噪声,有效保护训练数据免遭泄露。例如,GANobfuscator 等模型在解决信息泄露问题方面表现出色,但其在稳定性和训练效率上仍有待改进。这表明,深度学习攻击模型的研究需要在隐私保护、算法性能和生成数据质量之间实现平衡。

为应对上述挑战,研究者提出了基于生成对抗网络的隐私保护机制和攻击防御策略。通过优化梯度修剪和噪声注入技术,不仅提升了模型的稳定性和效率,还在多方协作训练中有效保障了数据隐私。此外,通过设计无监督学习算法识别恶意域名,以及改进自适应学习率的优化策略,应对复杂网络环境中的多样性攻击。这些方法能够帮助企业和科研机构检测异常流量、防范隐私泄露,尤其在金融、医疗和物联网等领域具有重要应用价值。

深度学习攻击模型的研究不仅为网络安全提供了新的理论支持和技术手段,也在保障数据隐私和系统稳定性方面具有深远意义。这些研究成果为未来大数据环境下的网络安全防护奠定了基础，并为智能化应用的安全发展提供了有力支持。

网络流量异常检测作为保护网络安全的重要手段，其研究意义在于能够及时发现并识别网络中的异常行为，从而提高网络的安全性和防御能力。特别是在复杂场景下，如大规模网络、物联网（IoT）环境以及细胞网络等，流量检测方案的研究显得尤为重要。当前，网络流量检测领域的研究已经取得了显著的进展。传统的基于规则和统计方法的异常检测技术已经逐渐被先进的机器学习方法所取代。在近期的研究中，深度学习作为大数据处理的有力工具，被广泛应用于网络入侵检测领域。通过深度学习模型，研究者可以从大量的网络数据中自动提取特征，并对其进行分类或预测，从而实现高效、准确的入侵检测。此外，与传统的基于规则和统计方法的异常检测技术相比，基于深度学习的入侵检测系统具有更好的泛化能力和适应性，能够有效应对新型和未知的网络攻击。深度学习技术具备对大规模数据进行自动提取和学习的能力，使得其在网络流量异常检测中能够发挥重要作用。

尽管基于深度学习的网络入侵检测方法已经取得了一些进展，但仍然面临着许多挑战。首先，网络数据的大规模和高维度给深度学习模型的训练带来了巨大的压力。其次，网络环境的动态变化要求入侵检测系统具有更好的实时性和自适应性。最后，为了提高检测的准确性和鲁棒性，还需要对网络数据进行有效的预处理和特征选择。

1.2 国内外研究现状

1.2.1 复杂场景下流量检测方案研究现状

近年来，网络安全日益受到国家的高度重视。但传统的安全检测方法已逐渐难以满足当前安全攻防的要求。这主要是因为传统的安全检测方法依赖预先设定的规则过滤网络流量信息，其检测能力存在局限性。加之网络犯罪技术越发隐蔽，传统的安全检测方法发掘的危险信息相对有限。企业和用户每天都面临着各种类型的安全威胁。不断变化的攻击手段，如钓鱼邮件中的恶意链接或恶意软件的非法操作,这给用户的安全带来了很大的麻烦,构成了严重的安全威胁。Sutskever 等[14]提出了长短期记忆(Long-Short-Term Memory,LSTM)网络,该方法采用端到端的方法来解决问题,在序列学习问题中表现出色,并且减少了对于问题本身的假设。随着现有的探测技术和防御系统逐渐难以应对不断演变的挑战,基于机器学习的人工智能为安全领域带来了新的机遇。Ponulak 等[15]提出一种模仿生物神经元的监督学习模型。该模型通过训练神经元以再现任意模板的在特定时刻的特征,并以尖峰序列编码的模板信号进行编码,证明了尖峰神经元在预测其他参考神经元或网络行为方面的潜力。

目前,人工智能技术在图像处理、语音识别和自然语言处理等多个领域已经取得了显著成就。经分析,目前流行的人工智能技术在信息安全领域同样展现出巨大价值,包括异常流量监控、DDoS 攻击、DGA 监控、钓鱼域名监控等[16-17]。本节重点概述了人工智能技术在流量分类领域的研究成果,分析了各种分类算法的应用成果。

(1) 机器学习

EISIC 2012 会议上大量的专家受邀前来分享和讨论机器学习在安全领域的应用。本次会议聚焦于三大主题:机器学习安全、安全学习和对未来安全学习的展望。具体方面在会议中进行了详细的讨论,如对抗性攻击、集体采集数字取证等。为了更有效地检测异常流量信息,必须使用某些经典的机器学习算法来进行异常流量监控。由于每个应用程序都附加了必要的元数据,这为安全领域带来了诸多新的机遇。然而,这些方法也伴随着挑战,如资源和用户权限的限制。Sahs 等[18]提出了一种基于 Android 操作系统、利用机器学习技术的恶意软件检测方法。该方法充分利用了服务器集群的计算能力,从恶意软件中提取特征,并在离线环境下训练单分类支持向量机(One-Class Support Vector Machine,One-Class SVM)。这一策略有效地解决了资源有限所产生的问题。

随着计算机技术的不断发展,网络攻击手段也日趋多样化,传统的签名检测方法往往难以有效检测攻击行为。与之相比,机器学习相关的入侵检测系统展现出强大的潜力,这些系统具有区分未知异常行为与已知行为的能力,在入侵或欺诈检测中发挥着日益重要的作用。然而,并不是所有基于机器学习的方法都具有相同的效率和准确性。因此,在文献[18]中,Sahs 和 Khan 利用详细的数据集对典型的机器学习算法的性能进行了评价,为进一步的研究提供了参考。

要从大量的网络流量信息中挖掘出恶意信息,需要依靠强大的机器学习功能,这通常使用高度自动化的机器学习系统。Zhang等[19]提出了一种实现流量分类的新方法,与传统的参数化方法不同,该方法将相应的信息融入过程中,极大地提高了性能。从理论和实践两个方面分析该方法,结果均证明其具有较强的性能。然而,从海量信息中提取恶意信息在很大程度上取决于机器学习的性能。在文献[19]中,Zhang利用机器学习算法实现了对恶意软件的自动分析。其核心是聚类分析技术。通过分析和比较未知恶意软件与已知恶意软件的行为,对未知恶意软件进行分类。此外,为了降低系统的成本和提高系统的性能,还采用了增量学习的方法。该方法取得了理想的结果,可以处理成千上万的二进制恶意软件。

近年来,黑客们为了盗取用户和机构的金融资产,在互联网上设计并部署了许多虚假网站来模拟普通网站,这种行为被称为网络钓鱼攻击。网络钓鱼攻击已造成网络社区和各种利益相关者损失了数亿美元。过滤垃圾邮件和入侵检测等属于对抗性分类任务,恶意攻击者会利用虚假数据来破坏训练的结果,导致分析结果不准确。在这种情况下,就需要一种能够准确检测网络钓鱼攻击的方法,并且该方法需要具备强大的对抗性数据处理能力。Biggio等[20]初步探索了支持向量机(Support Vector Machine,SVM)对抗"对抗性数据操作"的鲁棒性,并提出一种基于简单核矩阵校正的方法来增强SVM的鲁棒性。

机器学习作为一种常用的数据分析工具,近年来在反钓鱼方面有显著优势。与传统的反钓鱼技术相比,其性能有了很大的提高。在文献[20-21]中提到,研究重点在于探讨机器学习工具在网络钓鱼攻击中的适用性,并揭示了机器学习工具的优点和缺点。通过深入研究不同类型的机器学习技术,评价出了最佳类型的反钓鱼工具,并且还使用不同的度量标准测试了许多真实的钓鱼数据集。

(2)大数据与深度学习

在大数据和深度学习的背景下,处理海量数据和提高训练速度成了关键挑战。Tong等[22]提出了一种创新的算法与体系结构,该算法与体系结构通过流量级的函数实现在线流量分类,采用C4.5决策树算法和Entropy-MDL离散化算法来提高性能。为了加速处理流程,必须部署多台机器进行协同作业,并开发并行算法以提升效率。Dean等[23]使用了数以万计的CUP核心来训练具有数十亿个参数的深度网络。在文献[23]中,Dean设计了一个软件框架,称为"DistBelief框架",该框架能够调度由数千台计算机组成的计算机集群来实现模型的训练。基于该框架，Dean 开发了一个名为 Downpour SGD 的异步 SGD，显著提升了深度网络训练的性能，包括效率和规模。实验评估显示，Dean 利用该系统训练了一个规模比以往论文中网络大 30 倍的深度网络，并取得了领先的研究成果。虽然本文的初始目标是提高大规模神经网络场景下的性能，但是底层算法适用于基于梯度的机器学习算法。另一项研究表明，在光滑问题的随机优化方法中，时滞可渐近忽略，并能达到最优收敛速度。当应用于分布式优化时，该研究提出了一种机制，有效克服了通信和同步要求带来的限制。随着大数据的发展和应用，我们对大数据的未来机遇也加深了思考。虽然大数据带来的巨大价值是可喜的，但计算理论、框架等方面的挑战不容忽视。大数据的 4-V 特性包括体量（Volume）、多样性（Variety）、速度（Velocity）和价值（Value），大数据的 5-V 特性是在 4-V 特性的基础上增加了一个真实性（Veracity）的特性，强调数据的准确性和可靠性。大数据还存在误差、数据增量性、归纳方式等亟待解决的问题。首先，大数据的巨大体量使得信息管理成本显著增加，同时也增加了数据泄露的风险。其次，大数据的多样性使得信息有效性验证工作变得更为复杂，如何从海量数据中提取出有价值的信息是一个巨大的挑战。再次，大数据的低密度价值分布使得安全防御边界有所扩展，增加了安全管理的难度。最后，大数据的快速处理要求也对传统的决策支持系统提出了新的挑战，如何在海量数据中快速得出有用的信息并做出明智的决策是一个亟待解决的问题。然而，这些挑战也为大数据在相关领域的应用研究开辟了新机遇。文献[24-27]报告了对已经确定的新挑战的看法，并介绍了在社交网站数据分析、智能搜索引擎构建等应用场景中的实践。

文献[28]针对大数据的复杂性和多种异构安全数据类型提出了一种基于深度学习的方法，以提高攻击识别的效能。该方法首先采用了一种融合了 AO（Aquila Optimizer）与 FEMI（Fuzzy Entropy Mutual Information）算法的特征选择策略，旨在挑选出具有独特性的特征。随后，它运用了一种经过改良的、基于典型相关性的技术，来整合这些已选定的特征。在此基础上，该方法采用了优化后的 ResNet152V2 模型来进行入侵检测与分类。此外，还引入了 ACGAN（Auxiliary Classifier Generative Adversarial Network）技术以增强数据集。为了验证该方法的有效性，研究团队在 CICDDoS2019 和 ToN-IoT 这两个数据集上进行了测试，并通过与多种基线方法的对比,充分证明了所提方法的优越性。同样聚焦于使用深度学习技术进行大数据分析以检测网络流量中的入侵行为,与文献[28]不同,文献[29]更侧重于 IoT 环境下的洪水攻击,引入了多模态大数据表示和迁移学习技术。该研究深入探讨了物联网(IoT)应用与资源面临的洪水攻击问题,特别是分布式拒绝服务(DDoS)攻击的严峻挑战。为辅助安全专家精确识别系统薄弱环节、制定针对性防御策略,并实现对潜在威胁的快速响应,该研究创新性地提出了一种改良的 IoT 安全入侵检测系统(IDS)。该系统巧妙融合了多模态大数据表示技术和迁移学习方法。在数据预处理阶段,研究从 PCAP 文件中精心提取了关键的攻击数据和字节信息。随后,利用基于 Spark 的大数据优化算法,对海量数据进行了高效处理与分析。在此基础上,研究引入了 word2vec 等先进的迁移学习技术,旨在从语义层面深入挖掘数据的潜在特征。进一步地,研究开发了创新算法,该算法能够将复杂的网络字节数据转化为图像形式。通过配置基于注意力的 ResNet(Residual Network)模型,研究成功提取了图像中的纹理特征。最终,将经过训练的文本特征和纹理特征相结合,形成了多模态特征集,用于对各种攻击类型进行精准分类。

自深度神经网络引入随机梯度下降算法(Stochastic Gradient Descent,SGD)的同步并行实现以来,该算法已被广泛应用并取得了显著成效。然而,现有理论虽然不能很好地解释 SGD 异步并行实现的收敛性和加速性能,这主要归因于深度学习模型的非凸性特性以及并行机制的异步性质。为了证明这一理论,Esposito 等[30]研究了使用计算机网络和共享内存系统实现 SGD 的两种异步并行实现。

(3) 多任务学习

流量分类在当今的互联网中有着广泛的应用,既可以用于 ISP 的资源分配、计费和保障 QoS,还可以用于客户端的防火墙和恶意软件检测。传统的机器学习算法和深度学习模型已被广泛用于解决流量分类任务。但是,训练这样的模型需要大量的标记数据。标记数据通常是在构建分类器过程中最困难和耗时的工作。为了解决这个问题,研究者开始探索使用多任务学习框架来进行流量分类。

文献[31]将流量分类重构为一个多任务学习框架,该框架可以预测网络流的带宽需求、持续时间、流量类别。这种方法的动机有两个:①带宽需求和持续时间在许多应用中都很有用,包括路由、资源分配和 QoS 提供;②这两个值可以从每个流中轻松获取,既无需人工标记,也无需在受控和隔离的环境中捕获流。该论文证明,研究人员通过利用大量容易获取的带宽需求和持续时间预测任务的数据样本,以及少量的流量类别任务的数据样本,即可实现高准确度的分析。因此,该多任务学习框架降低了对大型标记流量数据集的需要。

　　文献[32]提出了一种基于多任务学习的方法来根据网络流量的空间和时间特征进行预测。该方法的核心思想是利用多任务学习框架,同时学习多个相关任务,以提高模型的泛化能力和预测准确性。在这种方法中,空间和时间特征都得到充分考虑,以捕捉网络流量中的复杂模式和动态变化。通过在实际网络上实施验证,根据评估结果,该方法可以有效地获得网络流量预测器。该研究不仅针对 SDN 启用的 IoT 网络流量的复杂性提供了一种新的预测方法,而且还展示了多任务学习在处理这种复杂问题时的有效性。与传统的单任务学习方法相比,基于多任务学习的方法可以更好地利用不同任务之间的相关性,从而提高预测性能。此外,该方法还强调了空间和时间特征在网络流量预测中的重要性,为未来的研究提供了一个新的方向。

　　面对复杂多变的应用场景和诸多潜在挑战,为了加大深度网络训练的规模和提高其速度,我们在文献[33]中初步提出了一种基于小批量梯度下降的铰链分类算法(HCA-BAGD)框架。本书重点研究基于小批量梯度下降的铰链分类算法框架来检测网络流量,我们使用小批量梯度下降算法来改进 HAC-BAGD。然而,如何从海量数据中识别并处理不可信数据,如数据倾斜和冷启动等问题,尚未在我们的前期工作中得到充分考虑。为了管理大量的数据,提高并行算法的性能势在必行。另外,对该框架的性能评价和数据分析还不够。我们对工作进行更新,弥补了之前框架的不足,同时采用基于自适应学习率和动量的小批量梯度下降铰链分类算法,提高训练深度网络的性能。

1.2.2　恶意域名检测方案研究现状

　　自 20 世纪 90 年代开始,人类获取信息的方式发生了巨大的改变,互联网成了连接人与信息的桥梁,使得我们能更快地获取信息。尤其是近几年,随着移动互联网的爆发,我们共同迈入了大数据时代。但是随着网络使用频率的提升,我们需要足够重视越来越多由安全问题造成的损失。其中,恶意网站通过钓鱼、DDoS 攻击等手段不断地威胁人们的上网行为,造成大量的网络欺诈、网络瘫痪等一系列的问题。

(1) 基于规则

在恶意域名检测领域,基于域名黑名单的方法扮演着至关重要的角色。该方法的核心在于深入分析历史恶意域名的多项特征信息,如 WHOIS 详细资料、域名绑定的 IP 地址、域名的存活时长,以及 TTL(Time To Live)值等关键指标,进而精心构建一份全面的域名黑名单,旨在精准识别并标记潜在的恶意域名。这一过程高度依赖于预先设定且经过验证的特征规则,并巧妙运用分类或聚类算法,对待检测的域名实施严谨的判断与分类。

在众多特征信息之中,WHOIS 详细资料的完整性和透明度显得尤为重要。当域名的 WHOIS 记录显得含糊不清、信息缺失,或是注册详情及所有者频繁更迭时,这些往往被视为该域名可能具有恶意的预警信号。同时,域名与其背后 IP 地址的关联模式,特别是 IP 地址历史记录的稳定性,在甄别恶意域名时同样占据举足轻重的地位。具体而言,若某一域名频繁更换所绑定的 IP 地址或在短期内发生显著变动,这往往预示着背后可能隐藏着恶意行为。

此外,域名的生存时间(即从注册之日起的有效期限)也是评估其是否为恶意的重要考量因素。另外,TTL 值的频繁波动,特别是短期内的大幅变动,同样常被视为域名存在恶意行为的另一项有力指征。

Mishra 等[34]讨论了基于有限状态机的规则库设计,并分析了这种设计的优势。采用该方法后,每当有新的网络事件发生,事件判定过程所消耗的时间显著降低。这可以通过提高规则库搜索规则的效率来实现。

之后,人们提出了基于列表的检测方法,其具有两种类型的列表:一种包含恶意 URL 或域名的列表(黑名单),另一种包含合法 URL 或域名的列表(白名单)。黑名单是根据以前被标记为恶意的域名构建的。这些恶意 URL 或域名可以在垃圾邮件、防病毒软件和其他来源中找到。将域名列入黑名单后,攻击者无法重复使用同一域名从被标记的域名创建其他 URL。Tanaka 和 Kashima 提出了 SeedsMiner,这是一种从开源情报(OSINT)收集恶意候选域名或 URL,然后使用流行的防病毒软件创建黑名单的方法。Tanaka 和 Kashima 首先从公开可用的源中收集 URL 和域名,其次使用客户端蜜罐抓取这些 URL/域名,最后使用四个流行的防病毒软件包评估爬虫下载的文件。如果至少有一个防病毒软件将源自 URL/域名的下载文件标记为恶意文件，则该 URL/域名被添加到黑名单中。Tanaka 和 Kashima 将黑名单与 Google 安全浏览进行了比较，发现他们的方法报告的恶意 URL/域名比 Google 安全浏览多 75%。Cao[35]等开发了自动个人白名单（AIWL），该系统通过在用户访问的登录界面上注册每个站点的 IP 地址来构建白名单。访问网站的用户会收到与所访问网站的注册信息不一致的通知。AIWL 的缺陷之一是，每当用户首次访问带有登录界面的站点时，它都会发出警告。

通过综合多个维度的特征进行深入分析，基于域名黑名单的检测方法能够高效识别出大量已知的恶意域名。然而，值得注意的是，该方法在面对那些新兴的、尚未被列入黑名单的恶意域名时，可能会遇到一定的检测挑战与局限性。

(2) 机器学习

传统的恶意域名检测技术（如黑名单、基于规则的检测方法、传统统计学习方法等）往往依赖于已知攻击模式或外部数据源，缺乏对新兴恶意域名生成方法的适应性，且维护和更新成本较高。为了提高恶意域名检测的效率和准确性，研究者们开始关注基于机器学习和特征提取的方法。特别是通过分析域名的字符特征，可以提取出一些规律，从而识别出潜在的恶意域名。

随着动态 HTML 的发展，攻击者找到了一种新的强大的攻击计算机系统的方法。普通的 web 页面中通常会被嵌入恶意的动态 HTML 代码。当用户浏览这样的网站时，恶意网页就会感染受害者。此外，恶意的动态 HTML 代码可以通过混淆或转换伪装成良性代码，这使得检测更加困难。一般来说，反病毒包使用的基于签名的方法在识别以这种方式伪装的恶意 HTML 代码方面可能不是很有效。Hou 等[36]提出了一种利用机器学习技术检测恶意网页的方法。在文献[36]中，系统详细地分析了恶意网页的特征，提出了机器学习的重要特征。实验结果表明，该方法能够灵活地适应代码伪装技术，正确地判断网页是否存在恶意。

Shabtai 等[37-38]从不同的角度解决了与检测相关的挑战，包括文件表示和特征选择方法、分类算法、加权集、不平衡问题、主动学习和时序评估。在调查的基础上，Shabtai 等确定了检测可执行程序中新恶意代码的框架应该具备的几个特性，以便保持较低的假阳性率（即将良性文件错误归类为恶意文件的比率较低）。这样的框架应该包括训练多个包含各种类型函数的分类器（主要是操作码、字节 n 克和可移植的可执行特性），对每个分类器的分类结果使用加权算法，并使用主动学习机制来保持较高的检测精度。这样的框架还应该考虑数据不平衡的问题，这可以通过生成分类器来实现，在真实环境中，估计恶意文件约占所有文件的10%，分类器可以实现良好的准确性。

对于网络安全而言，恶意URL是一种常见且严重的威胁。恶意URL承载不请自来的内容（垃圾邮件、网络钓鱼、恶意攻击等），并引诱毫无防备的用户成为诈骗（金钱损失、私人信息盗窃和恶意软件安装）的受害者，每年造成数十亿美元的损失。为了应对这些威胁，必须尽早确定和实施有效措施。过去，这种类型的检测主要是通过使用黑名单来完成的。但是，黑名单检测并不完美，它检测新生成的恶意URL的能力需要改进。近年来，为了提高恶意URL检测的通用性，越来越多的研究人员开始关注机器学习技术[39-42]。文献[40]中，Marion等试图通过机器学习方法对恶意URL检测技术进行全面的调查和结构化的理解。文献[40]将恶意URL检测技术形式化为机器学习的任务，并对文献中报道的各种研究结果进行分类和总结，以解决问题的不同维度（特征表示、算法设计等）。此外，为广大受众提供了及时、全面的调查，不仅针对机器学习研究人员和学术工程师，也针对网络安全行业的专业人士和从业人员，帮助他们了解最新的技术，推进自己的研究和实际应用。此外，文献[40]还讨论了系统设计中的实际问题和开放的研究挑战，并指出了未来研究的一些重要方向。

文献[41-42]建立了用于描述主机安全状态的隐马尔可夫模型（HMM），该模型使用入侵检测系统警报作为输入来评估网络的实时安全风险。该模型可以计算主机被攻击的概率。针对攻击警报，Simonyan等[41]提出了一种计算攻击成功概率的新方法，该方法使用攻击威胁级别来计算每个主机节点的风险指数。最后，使用所有主机节点的重要性权重和风险指数来定量计算对网络的风险。案例研究表明，该方法可以为主机系统生成实时风险曲线，并有助于为安全管理人员提供调整安全策略的指导。

传统的恶意网站识别方法依赖于人工总结的规则系统，需要规则制定者具有很强的安全背景。规则系统的鲁棒性较差。初始设置的阈值将在数据规模扩大之后变得十分脆弱，同时许多恶意网站隐藏在大量的数据流量中，因此系统将很难将其识别。在近些年，随着机器学习技术的飞速发展，越来越多的安全场景采用机器学习方法来辅助进行大规模恶意网站分类。

Ma 等[43-44]研究了如何从 URL 的词汇和基于主机的特征中检测恶意网站。Ma 等建立了一个实时系统用于手机 URL 特征,并将其与来自大型 web 邮件提供商的带有标签的 URL 的实时提要进行配对。根据这些特征和标记,Ma 等训练一个在线的分类器,并基于一个平衡的数据集实现了在线监测 web 网站 99% 以上的准确率。

每天有数以百万计的域名被注册,其中大部分是恶意的。仅通过 web 网站的内容进行分析来跟踪恶意域名是非常困难的,因为恶意域名的数量很多。He 等[45]利用二阶马尔科夫模型可以将这种直观的观察转化为统计信息特征。根据已知的合法域名、已知的恶意域名、字典中的英语单词并基于统一分布来构建四个转移矩阵。这些马尔可夫模型的概率以及从 DNS 数据中提取的其他特征都用于构建随机森林分类器。实验结果表明,他们的系统可以以较低的误报率快速捕获恶意域名。

在传统的恶意 URL 检测中,因为数据量巨大并且模式随时间变化,特征之间的相关性相对复杂。机器学习技术为此提供了有效的解决方案。为了更好地表示底层问题并提高分类器在识别恶意 URL 方面的性能,Li 等[46]提出了线性和非线性空间转换方法的组合。对于线性变换,Li 等开发了一种两个阶段的距离度量学习方法:①执行奇异值分解以获得正交空间;②使用线性规划求解最优距离度量。对于非线性变换,引入了 Nyström 方法进行核近似,并将修改后的距离度量用于其径向基函数,以便可以利用线性和非线性变换的优点。最后在收集了 331 622 个 URL 和 62 个特征之后,研究人员使用这些数据验证提出的特征工程方法。结果表明,所提方法显著提高了某些分类器的效率和性能。

而面对一些潜在的威胁可能会难以检测,Cucchiarelli 等[47]提出了一种新的方法,基于 2-gram 和 3-gram 特征来捕捉恶意域名的模式。首先,这种方法通过提取域名中的二元组和三元组字符组合,能够有效地识别出潜在的恶意模式,这些模式可能是算法生成的恶意域名所共有的特征。2-gram 和 3-gram 特征具有较强的局部敏感性,能够识别字符之间的细微差别,而这种差别往往是恶意域名与正常域名之间的主要区分点。其次,Kullback-Leibner 散度和 Jaccard 系数作为相似度度量工具,可以从不同角度对域名进行度量。Kullback-Leibner 散度能够衡量两个概率分布之间的差异,这些方法能够有效地捕捉域名字符分布的偏差,从而识别出非正常的域名模式。而 Jaccard 系数则通过计算域名之间的相似度,进一步提高特征提取的准确性。通过这两种工具的结合,Cucchiarelli 等的研究提高了恶意域名检测系统的特征提取效率,为恶意域名的实时检测和防范提供了更高效的技术手段。最后,该研究的创新之处在于不仅提升了恶意域名检测的准确性,还优化了特征提取过程,提高了计算效率,这对于实际应用中的大规模域名检测具有重要意义。当面对海量域名数据时能够快速有效地提取出有价值的特征,这是提升恶意域名检测系统性能的关键所在。

Aditya Kulkarni 等[48]首先根据使用的数据集、特征选择算法、性能指标以及网络钓鱼网页检测方法面临的最新挑战,列出了网络钓鱼网页检测方法中的几个未解决问题,并提供了相对应的、有效的解决方案和建议。其次,Aditya Kulkarni 等建议采用基于 ML 的方法收集成比例的多样化数据集,并根据使用特征选择算法选择的特征对其进行训练。Aditya Kulkarni 建议还可以通过堆叠 ML 分类器来提高网络钓鱼网页检测方法的准确性。此外,该研究计划使用的数据集集合应保存在存储库中,以便研究人员在未来的计划中考虑相同的数据集进行有意义的比较分析。最后,Aditya Kulkarni 等采用基于 URL 和网页分析的混合方法对现有的网络钓鱼网页检测方法进行了分类。研究得到,RF 分类器通过提供高准确性和低 FP 率,优于其他 ML 分类器。同时,基于 URL 和网页分析的混合方法也可以大大提高零日网络钓鱼检测性能。

某些网络经常使用域生成算法(DGA)来隐藏其命令与控制(C&C)服务器并逃避删除尝试,由于 DGA 生成的域名长度不同,并且域名的长度对 DGA 域名检测模型的性能影响较大,因此在这种情况下,攻击者只需设计特定长度的域名即可逃避检测。针对上述问题,Liang 等[49]提出了一种新模型 HAGDetector,用于检测 DGA 域名。它由三个模块组成,即超短 DGA 检测模块、中长 DGA 检测模块和超长 DGA 检测模块,用于处理不同长度的对象。对于超短的域名,我们采用基于注意力的方法提取特征,可以利用字符级的语义特征;对于中等长度的域名,我们构建了二维结构,即右移张量(RST),以使域名呈现类似于图像的明显特征;对于超长的域名,可以通过手工制作的易于计算的特征来实现域名的有效分类。这种基于不同长度域名的异构特征提取方法,形成异构 DGA 域名检测模型。经过实验验证,该模型克服了对样本长度的敏感性,对不同长度的样本具有稳定的检测能力,能够为现有的网络安全检测方案提供有价值的信息。

Buczak 等[50-53]对机器学习和数据挖掘在网络安全分析中的入侵检测进行了研究。基于已存在论文的引用数量和相关性,每种方法都被识别、阅读并总结。由于数据在机器学习和数据挖掘方法中非常重要,一些在领域内经常应用的数据集被详细介绍,解决了机器学习和数据挖掘的复杂性,讨论了机器学习和数据挖掘应用于网络安全的挑战,并给出了合适应用何种方法的建议。

Blum 等[54]研究了将置信度加权分类与基于内容的网络钓鱼 URL 检测相结合,建立动态可扩展的网络钓鱼域名检测系统的可能性。该系统不仅能够检测出新出现的威胁,还能够提供对零小时威胁的增强保护,这不同于传统的黑名单技术,后者的功能是反应式的。

研究发现,许多研究者把大部分精力放在寻找好的特征上。当选定合适的模型时,那么特征将决定模型的上限。在文献[55]中描述了一个快速的基于相关性的过滤算法,可以应用于连续和离散问题。该算法在作为朴素贝叶斯、基于实例的学习、决策树、局部加权回归和模型树的预处理步骤时,往往比已知的 Relief F 属性估计算法性能更好。在大多数情况下,它执行的特征选择比 Relief F 属性估计算法要好,减少 50% 以上的数据维度。此外,根据预处理数据构建的决策树和模型树通常要小得多。

机器学习最重要的部分是预处理,通过特征选择进行降维、剔除无关和冗余的特征,提高模型泛化性能、学习精度以及模型收敛速度。然而,近年来,数据维数的增加对现有的许多特征选择方法在效率和有效性方面提出了严峻的挑战。在文献[56]中,Yu 等引入了一个新的概念,即主导相关,并提出了一种快速的过滤方法,这种方法可以识别相关特征和相关特征之间的冗余,而不需要两两相关的分析。通过与其他高维度真实数据方法的广泛比较,证明了该方法的有效性。

近期,也有相关研究提出优质的特征向量可以辅助模型做出更好的决策。在文献[57-58]中显示了令人信服的证据,证明深度卷积对抗对学习了从生成器和鉴别器中的对象部分到场景的表示层次。这些学习特征在新任务中表现出优异的性能,证明其作为一般图像表示的适用性。

在文献[59]中,Jas 等提出了几种改进,既提高了向量的质量,又提高了训练速度。通过对高频词汇进行子采样处理,显著提升了处理速度,并学习了更多的规则词表示。词汇表征的一个固有局限性是他们无法反应词序特征,并且无法表达习语。他们提出了一个在文本中寻找短语的简单方法,并表示学习数百万短语的良好向量表示是有可能的。

(3) 神经网络

上述文献中提出的机器学习算法需要通过特征工程构造大量特征,然后将构造的特征输入分类器以识别异常流量。由于这些许多特征是人为构造的,因此并入了许多主观因素,从而导致模型产生偏差。为了提取更好的抽象特征,我们需要找到机器可以自动学习和纠正的特征,而深度学习为当前业界主流的自动特征学习提供了解决方案。在过去十年的时间中,神经网络在图像处理、语音识别以及自然语言处理方面取得了很大的成功。

在恶意域名检测领域,基于深度学习的技术通过构建精细的神经网络并利用大规模数据集进行自我学习,显著降低了对手动特征提取的依赖,并大幅提高了检测精度,如文献[60-61]所述。特别是深度神经网络(DNN)与生成对抗网络(GAN)的引入,如文献[62-63]所述,极大地增强了模型对域名特征的学习与识别能力,使其能够更有效地鉴别复杂的恶意域名类型。

在文献[64]中提到多伦多大学的 Hinton 团队在 2012 年采用深度神经网络率先把 ImageNet 的识别准确率提升到 87%,远远地超过第二名(10%的准确率),给业界带来了极大的震撼。他们使用的大型深度卷积神经网络在 LSVRC-2010 ImageNet 训练集中,已成功地将 130 万幅高分辨率图像分成 1 000 个不同的类别。在数据测试过程中,通过实验发现分类错误率大幅度降低。在文献[64]中的神经网络包含 5 个卷积层,这些卷积层由 50 万个神经元以及 6 000 万个参数组成。在这 5 个卷积层中,有 2 个是 max pooling 层,有 2 个是全局连接层,有 1 个是 1 000 路的 softmax 层。为了加速训练,Krizhevsky 等使用了不饱和神经元和一个非常有效的基于 GPU 的卷积网络。为了减少全局连通层中的过拟合现象,采用了一种新的有效的正则化方法。

多年来,深度神经网络变得越来越流行。在文献[65]和文献[66]中,研究者们研究了卷积网络的深度对其在大规模图像识别中准确性的影响。使用非常小的(3×3)卷积滤波器体系结构来全面评估越来越深的网络,并且当深度推到 16~19

重量层时,该体系结构可以有效地实现对现有技术水平的改进。这些研究成果是他们参加 2014 年 ImageNet 挑战赛的基础。在该挑战赛中,其研究团队在本地化赛道和分类赛道上分别取得了第一名和第二名。

神经网络越深,训练就越困难。He 等[67]提出了一种残差学习框架,以使更深层次的网络更可行地得到培训。将层明确地重新定义为学习参考层输入的残差函数,而不是没有参考的函数。He 等提供了全面的经验证据,以证明这些残差网络更易于优化,并且深度显著增加可以获得精度。在 ImageNet 数据集上评估了深度高达 152 层的残差网络,这些网络的深度是原始 VGG 网络的八倍,但复杂度仍然较低。在 ImageNet 测试仪上,这些残差网络的整体误差为 3.57%,赢得了 ILSVRC 2015 分类任务的第一名。另外,在文献[68]中,Chung 使用 100 层和 1 000 层的 CIFAR-10 进行分析。对于许多视觉识别任务,表征深度是许多视觉识别任务的核心。仅考虑表征深度,该方案就在 COCO 对象检测数据集上实现了 28% 的改进。深度残差网络是 Chung 等向 ILSVRC & COCO 2015 提交竞赛结果的基础,该方案在 ImageNet 检测、ImageNet 本地化、COCO 检测和 COCO 分割任务中获得第一名。

传统的循环神经网络(Recurrent Neural Network,RNN)只考虑从前往后构建时间序列特征,而忽略了从后往前构建时间序列特征[69-70]。为了克服这一局限,将传统的 RNN 扩展为双向递归神经网络(Bidirectional recurrent neural networks,Bi-RNN),可以同时进行正向和负向时间方向的训练,直到某个预先选定的未来帧。引用的工作阐述了拟议网络的结构和培训程序。在使用人工数据进行回归和分类的实验中,发现所提出的结构比其他方法产生了更好的结果。对于真实数据,TIMIT 数据库的音素分类实验也展示了同样的趋势。

RNN 的一个重要优点是在输入和输出序列之间进行映射时能够使用上下文信息[71]。因此,RNN 可以更好地对时间序列数据进行建模。通过构建深层的 RNN,可以抽象出更好的特征。但是,对于标准的 RNN 架构,在实践中可以访问的上下文范围非常有限。同时,标准的 RNN 架构有一个致命的缺点:随着时间序列长度的变化,它存在梯度弥散和梯度爆炸的状况。Hochreiter 等[72]提出了一种称为长短期记忆网络(LSTM)的新体系结构来解决传统 RNN 的问题。LSTM 可以实现更成功的任务执行,更重要的是,它可以加快学习的速度。此外,LSTM 还可以用来解决以往递归网络算法从未解决过的问题,即人工长时间延迟的复杂任务[72-73]。

在文献[74-75]中,研究人员比较了 RNN 不同类型的递归单元。其中,Morchid[74]提出了一种适用于循环神经网络的节约内存单元(Parsimonious Memory Unit,PMU),该单元能够统一处理短期和长期记忆,提高学习效率,并在自然语言处理任务中展示其优越性。其核心设计理念基于以下假设,即短期和长期依赖关系相互关联,并且每个隐藏神经元在处理这些关联时应该发挥不同的作用。与传统的门控 RNN,如长短期记忆网络和门控循环单元(GRU)相比,PMU-RNN 在处理自然语言处理任务时,能够以更少的处理时间达到相似甚至更好的性能。Park 等在文献[76]中提出了一种基于自编码器的无监督恶意域名检测方法,该方法通过提取域名的语言学特征,成功构建了一个仅需良性域名数据训练的模型,实现了高精度检测,显著降低了对标注数据的需求。

针对 DGA 检测中对域名长度敏感的问题,Liang 等在文献[77]中提出了 HAGDetector 模型。该模型通过分模块处理不同长度的域名,显著提升了检测的精度和稳定性。HAGDetector 采用异构检测方法,针对短、中、长三类域名分别设计了检测模块,有效克服了传统检测方法的局限性。实验验证表明,HAGDetector 能够稳定应对各类长度的域名,尤其在短域名检测上表现卓越。此外,该模型还利用 Gini 系数优化特征选择,进一步提升了分类效果。然而,HAGDetector 仍面临一些挑战,如对抗性 DGA 的检测能力、短域名在高噪声环境下的检测难度、样本不均衡、特征选择局限性、模型复杂度及训练时间等,未来研究需关注这些方向的改进,以提升模型的适应性和泛化能力。

Ozcan A 等在文献[78]中探讨了基于深度学习的混合模型在钓鱼网站检测中的创新应用。Qzcan A 提出了结合长短期记忆网络和深度神经网络的混合模型,有效解决了传统钓鱼网站检测方法在特征提取上的复杂性和模型泛化能力不足的问题。尽管该方法在实验中表现出色,但仍存在一些潜在的缺陷,如模型对特定类型钓鱼攻击的适应性以及在大规模数据集上的训练效率等,有待进一步研究和优化。

文献[79]深入探讨了 GramBeddings 模型在钓鱼网站检测领域的创新应用。该模型通过融合 n-gram 字符嵌入与深度学习技术,从 URL 中提取丰富的语义特征,实现了对钓鱼网站与合法网站的有效区分。实验结果表明,GramBeddings 模型在预测准确率方面表现优异,为解决钓鱼网站检测中的数据集多样性不足、类不平衡及 URL 长度分布不均等问题提供了新思路。然而,尽管 GramBeddings 模型展现出强大的检测能力,但它仍面临一些挑战,如对抗性攻击的鲁棒性、模型性能与计算复杂度的平衡以及适应新技术环境下的威胁等,未来研究需关注这些方面的改进,以不断提升模型的适应性和检测能力。

文献[80]主要探讨了神经网络混合模型在钓鱼网站 URL 检测中的应用。它解决了以往研究中分别应用深度神经网络和长短时记忆网络算法在钓鱼网站检测中各自存在的优缺点问题。通过整合这两种算法,文献[80]提出了一个新的模型(包括 DNN-LSTM 和 DNN-BiLSTM),该模型结合了手工制作的自然语言处理(NLP)特征和基于字符嵌入的特征,从而提高了钓鱼网站 URL 检测的准确率。然而,该模型仍存在一定的缺陷,如对手工特征工程的依赖可能会影响模型的性能,同时基于卷积神经网络(CNN)的替代模型虽然可行但具有较高的内存需求。未来研究需关注这些方面的改进,以持续提升该模型的检测性能。

1.2.3 深度学习的攻击模型研究现状

近年来,随着技术的发展,新的攻击风险不断出现[81-82]。因此,信息保护越来越受到重视。在这里,我们回顾了针对机器学习模型及其相应防御机制的攻击模型的过往研究。

(1)攻击模型

当前对攻击模型的研究主要聚焦于黑盒攻击与白盒攻击[83]。在黑盒攻击中,攻击者只能查询目标模型,而不能查询内部参数。白盒攻击则允许攻击者直接访问模型内部结构,无需进行动态训练。

Fredrikson 等[84]开发了一种新的模型反转攻击,该模型利用了预测所揭示的置信度值。最近,Tramèr 等[85]的研究成果表明,仅仅考虑模型提供的预测而没有关注算法的隐私防护,就有劫持机器学习模型的可能性。Maho 等[86]提出了 SurFree 方法,一种基于几何优化的黑盒决策攻击方法,针对仅能访问最高标签 (hard-label)的最困难场景。与现有方法(如 HSJA、QEBA、GeoDA)依赖梯度估计不同,SurFree方法通过沿多个方向探索决策边界,避免了查询开销。实验表明,SurFree方法在低查询预算(几百到一千次)下快速降低失真,同时在高查询预算下保持竞争力。Andriushchenko 等[87]提出了一种基于随机搜索的黑盒对抗攻击方法。该方法通过局部进行方形更新扰动可行边界,避免了梯度遮蔽问题。在ImageNet上,该方法在无目标设置中将查询效率提升了 1.8～3 倍,并超越部分基于梯度的白盒攻击。这一方法显著提升了攻击效率和鲁棒性,展现了其在实际应用中的潜力。Wang 等[88]提出了一种数据驱动的替代训练框架,结合多样化数据生成模块和对抗性替代训练策略,专注于决策边界附近的数据分布,提升了替代模型与目标模型之间的可转移性。实验表明,该方法在目标和非目标攻击场景中优于传统方法,通过合成大规模数据显著提高了攻击效率和模型鲁棒性。

(2)深度学习模型隐私风险

当使用深度学习模型从模糊图像判断主题身份时,该模型可能会被人为错误分类,从而导致错误输出。

另外,由于深度学习的集中方式,多个参与者必须在中央培训集中累积其数据信息,这会导致违背隐私的风险[89-98]。此外,在医疗领域,侵犯隐私的风险更高,因此需要更加关注。在文献[99]中,如果敏感信息被发送到训练数据集中,则参与其中的多个成员可能会直接侵犯隐私。例如,直接泄露有关个人健康的重要信息。同样,当攻击者的设备包含医疗记录,尤其是与如癌症等重大疾病相关的医疗记录时,攻击者可能会发现根本没有此类重大疾病的患者,但攻击模型包括这些重大疾病。

机器学习模型在处理数据时可能无意中记住敏感信息,使其容易受到会员推断攻击。这种攻击试图判断某个数据样本是否参与了模型的训练,从而揭示了该模型可能存在的隐私泄漏风险。

2021年的研究指出,以往研究低估了模型的隐私风险,这些研究主要依赖自定义神经网络分类器,并关注攻击的总体准确性,忽视了细粒度的风险评估[100]。为此,该研究改进了现有的非神经网络推断攻击,并提出了基于预测熵的新方法,更全面地评估模型隐私风险,同时对防御机制进行了基准测试,揭示现有防御方法的实际效果低于预期。此外,研究提出了隐私风险得分这一新指标,用于细粒度分析模型的隐私暴露程度。

2022年，Ye等[101]提出了基于假设检验的框架，并设计了性能更强的新型攻击方法。该方法可以在任意错误率下实现更高的真正率。他们通过不可区分性游戏分析了攻击表现差异，提出了最小化攻击不确定性的方法，从而提升了对模型训练数据存在与否的推断能力。

与此同时，另一种名为Aster的方法[3]聚焦于黑箱攻击场景，无需了解目标模型结构或训练数据即可推断某样本是否参与训练。Aster方法的核心在于通过预测敏感性的差异识别训练数据，即扰动样本特征值后，训练数据预测结果的变化程度通常较低。实验表明，Aster方法在四个数据集上的性能超越了三种现有的最先进方法[102]。

这些研究表明，机器学习模型在隐私保护方面面临严峻挑战，尤其是在黑箱攻击场景下。未来研究需聚焦开发更有效的防御措施，权衡模型性能与隐私风险之间的关系，提升模型的安全性与可靠性。

(3) GAN攻击协作式深度学习导致的信息泄露

近期有关深度学习的学术研究取得了重大进展[89-94]。深度学习的概念主要用于为各种类型的复杂问题提供解决方案。更重要的是，GAN有助于建立一种敏锐的深度学习方法，从而更深入、更准确地解决复杂问题。

GAN对攻击模型的意义。首先，通过GAN攻击模型，不仅可以将区分模型和生成模型相结合，还可以检测过度拟合，这有助于利用区分能力来理解和掌握分布的统计差异。其次，GAN可以提供用于度量信息泄露的通用框架[95-96]。

针对协作深度学习的GAN攻击允许任何参与成员从攻击者的设备中推断重要或敏感的信息[103]。为了实现此目标，攻击者只需运行协作式深度学习算法，并重建存储在受害者设备中的重要、敏感信息。此外，攻击者可能会以尴尬的方式影响学习过程，因此易受骗的受害者们往往被骗取更详细和敏感的信息[104-106]。更令人担忧的是，即使模型参数已通过差异隐私处理进行了模糊处理，也可以在不影响服务提供商的情况下正常进行攻击。攻击者还可以装作真诚的参与者，假意执行协作深度学习，以获得他或她不应该拥有的重要敏感数据。

Chen等[107]提出了一种能够抵御GAN攻击的安全协同深度学习模型，专为物联网(IoT)环境设计。该模型通过隔离参与者与模型参数，并利用交互模式实现本地模型训练，从而确保参与者和服务器无法互相访问数据。研究针对最流行的卷积神经网络,为不同层设计特定算法以适应深度学习环境。这是首次为协同深度学习中的 GAN 攻击设计协议的工作。实验表明,该协议在真实数据集上表现出高效性和准确性,为 IoT 设备中的深度学习提供了安全性和隐私保障的解决方案。

Xu 等[108]提出了一种差分隐私生成对抗网络(GANobfuscator),其通过在训练过程中向梯度添加噪声,实现对 GAN 的差分隐私保护。该方法允许生成高质量的合成数据,同时避免训练数据隐私泄露。为了增强模型的稳定性和扩展性,研究者设计了梯度修剪策略。实验结果表明,GANobfuscator 在多个基准数据集上生成的数据质量接近常规 GAN,同时提供了严格的隐私保障。这项研究展示了差分隐私在保护数据隐私的同时维持生成能力的潜力,为 GAN 的安全应用提供了新方向。

1.3 本书的主要研究内容

网络的出现及广泛应用,给人们的生活和工作带来了便捷,但同时也带来了很多安全问题,各种类型的病毒、漏洞、攻击都造成了巨大的损失。保护信息不被攻击和泄露,维护其完整性、可用性和保密性,是当前研究的关注重点。网络安全的重要基准之一是检测网络异常的能力,但是传统的安全检测方法已逐渐无法满足现在对安全攻防的要求,其中一个重要的原因就是通过传统的规则来对海量的流量信息进行过滤时,能够挖掘到的危险信息比较有限,并且网络犯罪的手段越来越隐蔽。深度学习的突破促进了图像识别和语音识别等领域的发展,推动无人驾驶、同声翻译、医学影像检查等智能化技术逐步开始商用。深度学习凭借高度结构化的大型数据库,显著提高了分类准确性。这一成功得益于算法的突破、算力的提升以及大数据的支持。在大数据时代,机器学习、深度学习等智能方法被广泛应用于异常流量检测。遗憾的是,从海量的流量数据里面精确识别恶意数据仍然是一项巨大的挑战,需要强大的机器学习能力,而且是一个自动化程度非常高的机器学习系统。近期出现了新型的基于 GAN 攻击模型的攻击,这使得攻击者通过一定的攻击手段可以还原出训练数据集,从而使得用户隐私信息泄露。课题研究的最终目标:通过研究复杂场景下异常流量检测技术,能够快速、准确地识别出异常流量,解决目前工业界出现的数据倾斜、误植域名滥用等问题。如何在数据共享和利用过程中保证数据隐私性,提升数据可用性,是深度学习未来发展的极大挑战。本书提出基于深度学习的网络流量异常检测及隐私安全防护研究,研究内容如下。

(1) 针对海量数据在进行大数据分析过程中的数据倾斜问题,以及集群中总是发生任务超时、内存溢出等现象造成的性能障碍,我们提出了一种基于自适应学习率和动量的小批量梯度下降铰链分类算法来检测异常数据,最大程度地减少安全攻击的影响。与传统的神经网络、决策树和逻辑回归相比,该算法都大幅提高了深度网络在规模和速度上训练的性能,将整个训练数据集的损失函数最小化,得到近似全局最优值。我们采用异步批量梯度下降算法,从序列化和压缩的角度来进行调优,采用批量梯度下降算法来训练数据子集,减轻参数服务器的压力,解决了大数据 Shuffle 阶段的数据倾斜问题。通过实现该算法的并行框架,加快海量数据的处理速度,大幅减轻了参数服务器的负担。与传统的神经网络、决策树和逻辑回归相比,该算法大大提高了深度网络在规模和速度上训练的性能,解决了大数据 Shuffle 阶段的数据倾斜问题,并且实现了该算法的并行框架,大幅提升了大数据集的处理速度。

(2) 针对海量网络数据及复杂高维入侵行为特征等安全挑战,传统检测技术存在建模能力不足及"维度灾难"等问题,本研究提出了一种基于双向 LSTM 误植域名检测技术,提升了在大规模域名集合上进行误植域名检测的速度。通过对长短期记忆神经网络和卷积神经网络的研究,运用分层次抽象思想,该技术能学习非常复杂的函数,能更好地应对大量的高维复杂数据,提高建模能力,提升在大规模域名集合上进行误植域名检测的速度。已有的误植域名检测工作大都以计算域名对之间的编辑距离为基础,并未充分挖掘域名的上下文信息,且对短域名的检测易产生大量的假阳性结果。采集域名相关信息进行判定可提高检测效果,但会引入非常大的开销。采用基于域名字符串的轻量级检测策略,并引入双向 LSTM 来充分利用域名上下文,提升检测效果。通过设计面向域名的局部敏感哈希函数,将提升在大规模域名集合上进行误植域名检测的速度。通过改进基于编辑距离检测方法的不足,能够有效地进行误植域名滥用检测。

(3) 针对海量恶意域名隐蔽性强、动态多变的特性,本研究提出了一种基于域名嵌入的无监督学习算法来取代特征工程的方法,有效提升对于恶意域名特征的提取效果,进而提升检测的性能。机器学习算法可以帮助我们更容易地识别隐藏在庞大流量中的异常信息或恶意域名,优质的特征可以大幅提升机器学习模型的性能,但特征工程任务必须在内存中执行,还会产生人为主观因素干扰以及维度灾难问题。通过基于时间序列的深度神经网络模型提升对恶意域名特征的提取效果,建立、存储URL和其相对应的分布式表示之间的映射,并探究了URL嵌入模型的一些关键参数,解决了由特征工程产生的人为主观因素干扰以及维度灾难问题,有效提高了恶意域名识别的性能。

(4) 针对在协同深度学习训练的过程中生成式对抗网络的攻击造成的严重的隐私泄露问题,本研究提出了一种基于深度卷积生成对抗网络的隐私保护方法,有效提高基于生成式对抗网络攻击模型的防护效果。在协同深度学习训练的过程中,基于深度卷积生成对抗网络的隐私保护方法存在严重的信息泄漏风险。在深度网络参数传输过程中,该方法采用加密传输、设置埋点可以检测网络中的生成式对抗网络的强力攻击,通过调整训练参数使得基于GAN模型攻击的训练失效,从而有效地保护了信息。在此基础上,提升基于深度卷积生成对抗网络的隐私保护方法的稳定性并通过实验验证其有效性。深度学习通过神经网络的分层处理,将低层特征组合成更加抽象的高层特征,以发现数据的分布式特征表示,其模型性能与训练数据集的规模和质量密切相关,而训练数据集中通常包含较多的敏感信息,攻击者通过一定的攻击手段可以还原出训练数据集,从而使得用户隐私信息泄露。然而,在研究过程中,我们发现了深度学习等技术的隐私安全问题。

1.4 本书的组织结构

为了更清晰地阐述基于深度学习的网络流量异常检测及隐私安全防护研究,所有章节间的逻辑结构如图1-1所示。本书主要结构和内容安排如下。

第1章,绪论。其介绍了本书的研究背景和研究意义,阐述了国内外相关研究团队在深度学习与信息安全交叉领域所取得的成果,简要陈述了研究内容,并给出本书的组织结构。

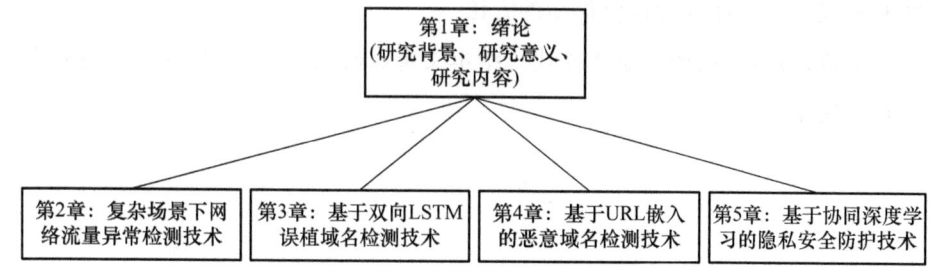

图1-1 本书的组织结构

第2章,复杂场景下异常流量检测技术。结合深度学习的异常流量检测,由于资源消耗非常多,在集群环境中总是发生任务超时、内存溢出等现象,造成性能的瓶颈。进而介绍采用异步批量梯度下降算法,从序列化和压缩的角度来进行调优,采用批量梯度下降算法来训练数据子集,减轻参数服务器的压力,解决数据倾斜问题。

第3章,基于双向LSTM误植域名检测技术。深度学习运用了分层次抽象思想,能学习高度复杂的函数,更好地应对大量的高维复杂数据,拥有更高的建模能力。采用基于域名字符串的轻量级检测策略,引入双向LSTM技术来充分利用域名上下文,提升误植域名滥用的检测效果。利用卷积神经网络处理局部关联性数据和特征提取的优势,以及LSTM捕获数据时序性和长程依赖性的优势,设计一种结合卷积和长短期记忆的深度神经网络用于强化检测能力。

第4章,基于URL嵌入的恶意域名检测技术。研究了基于生成式对抗网络的攻击造成隐私泄露的问题。在协同深度学习训练的过程中,基于深度卷积生成对抗网络的隐私保护方法存在严重的信息泄漏风险。为了保护协同深度学习训练的信息并增强其稳定性,提出了一种基于深度卷积生成对抗网络的隐私保护方法。在深度网络参数传输过程中,该方法采用加密传输、通过设置埋点可以检测网络中的生成式对抗网络的强力攻击,通过调整训练参数使得基于GAN模型攻击的训练失效,从而有效地保护了信息。

第5章,基于协同深度学习的隐私安全防护技术。研究基于协同深度学习的信息安全问题。分析和研究基于GAN模型的攻击风险和隐患。研究攻击者如何攻击PS,以及使用GAN模型的缺点和存在的缺陷问题。提出一种防止GAN模型攻击和保护协同深度学习训练隐私信息的方法。在此基础上,我们研究如何通过实验来提高稳定性并验证所提出的方法。

第 6 章,总结与展望。概要陈述总结本文重点研究工作,并对下一步的研究工作进行了展望。

第 2 章
复杂场景下网络流量异常检测技术

2.1 引 言

尽管网络世界提供了大量的信息,但同时也带来了日益增多的挑战,尤其是网络安全问题。信息技术的广泛应用给人们的日常生活带来了极大的便利,但是网络安全将极大地影响个人信息安全。目前,许多潜在的安全问题已经被发现,如零日漏洞和移动设备威胁。为了应对这些挑战,网络流量异常检测技术通过对异常数据和正常数据进行区分,进而检测异常行为。近年来,流量分类被广泛应用于网络异常检测,被认为是一个分类问题[109-113]。在此过程中,神经网络[6-7]、决策树[8]、逻辑回归[9]等机器学习相关技术得到了广泛的应用。然而,随着雾计算的兴起,一系列新的问题也随之而来,促使研究者们进行更深入的研究。针对这一现象,研究者们提出了多种方法,并取得了显著成效,不仅提高了检出率,还降低了假阳性率。

近年来,黑客在万维网上部署了大量假冒网站,通过模拟正常网站来窃取用户和机构的金融资产,这种攻击方法称为网络钓鱼攻击。由于网络钓鱼攻击,在线社区和各种利益相关者损失了数亿美元。因此,必须开发一种方法来准确检测网络钓鱼攻击。近年来,机器学习作为常用的数据分析工具,在反网络钓鱼攻击领域取得了卓越成果。相较于传统的反网络钓鱼技术,其性能有了显著提升[114]。在我们的研究中,将机器学习应用于网络钓鱼攻击,以揭示这项应用的优点和缺点。通过深入研究不同的机器学习技术,利用各种指标对许多真实的网络钓鱼数据集进行了实验,设计并实现了有效的反网络钓鱼技术。

Android 恶意软件的急剧增长使得检测异常流量信息更加艰难,这促使我们采用某些经典的机器学习算法进行异常流量监控,这些异常流量与每个应用程序运行所需的元数据紧密相关。针对恶意应用自动检测和分类方法的相关问题,Zhang 等[115-116]提出了一种新的基于语义的 Android 恶意软件分类法,该方法充分利用了服务器群集的计算能力,从恶意软件中提取特征,从而有效提高对恶意应用转换攻击的抵抗能力。

在数据安全性方面,能够生成用于检测网络异常的应用程序至关重要。但是,到目前为止,在处理大规模数据集时,训练模型的效率和准确性仍然不尽如人意。此外,传统分类方法(包括神经网络、决策树和逻辑回归)的准确性在很大程度上受到数据规模的影响。

在本章中,我们研究并提出了一种创新的算法,即基于自适应学习率和动量的小批量梯度下降铰链分类算法(hinge classification algorithm based on mini-batch gradient descent with an adaptive learning rate and momentum, HCA-MBGDALRM)用于检测网络异常。该算法的核心在于利用铰链分类算法(hinge classification algorithm, HCA)来找最佳分割线,用找到的最佳分割线来分割正样本和负样本,以最大化正样本与负样本之间的分离度。为了优化 HCA,我们必须采用不同的优化策略来确定参数,其中最常见的方法是使用随机梯度下降(SGD)算法。然而,SGD 算法存在一个主要问题,即它只在采样的样本点损失函数最大化时才减小梯度,这可能会导致训练过程不稳定。此外,铰链分类算法本身也容易受到噪声的干扰。因此,为了解决这些缺点,我们设计并实现了 HCA-MBGDALRM。

HCA-MBGDALRM 是一种能够在多个微处理器上同时中断和运行程序任务的方法,这种方法显著减少了程序的处理时间。互联网每天都会产生大量的数据,为了减少处理时间,我们为 HCA-MBGDALRM 引入了一个并行框架。当运行执行复杂计算的程序时,并行处理框架特别有用,而且成本相对较低,成为计算任务的可替代选择。为此,超级计算机通常具有成千上万个微处理器。

本章使用基于小批量梯度下降铰链分类算法(hinge classification algorithm based on mini-batch gradient descent, HCA-BAGD)来检测网络流量。我们采用

小批量梯度下降算法来改进 HCA-BAGD。为了实现这一目标,我们特别注重提升并行算法的性能,以确保该算法能够高效地处理互联网产生的海量数据。我们还为 HCA-MBGDALRM 引入了并行框架,以减少训练过程所需的时间。我们采用参数服务器架构来实现 HCA-MBGDALRM。该架构的核心在于采用异步随机梯度下降（asynchronous stochastic gradient descent，ASGD）训练 HCA-MBGDALRM,而 ASGD 的最佳解决方案是参数服务器框架。参数服务器框架是用来解决分布式机器学习问题的方案,数据和工作负载被分配到客户端节点,服务器节点维护全局共享的参数,这些变量以空间矢量和矩阵的形式表示,具体如下。

在图 2-1 中,参数服务器框架管理承担计算任务的工作节点(worker node)和服务器组(server group)之间的异步数据通信。这些工作节点和服务器组均由众多机器协同构成。服务器组负责维护全局共享参数的分区(默认情况下,计算机本地参数不同步)。服务器组之间会进行通信,以复制或迁移参数,来确保系统的可靠性和可扩展性。工作节点通常在本地存储一部分训练数据,以计算局部统计数据(如渐变)。工作节点仅与服务器组通信,更新和检索共享参数。

随着智能硬件设备激增,网络规模扩大,产生的数据也同步激增。在本章中,我们首先设计并实现了一种针对复杂场景下异常流量的检测技术和保护方法。其次,我们从理论上分析 HCA-MBGDALRM 的性能,并对算法进行优化。相较于现有的传统方法,本章所研究的异常流量检测技术更为高效,能够显著提升物联网设备的安全性和可靠性。本章的研究的主要贡献如下。

(1) 针对海量数据在进行大数据分析过程中的数据倾斜问题,以及在集群环境中总是发生任务超时、内存溢出等现象造成的性能障碍问题,提出了一种基于自适应学习率和动量的小批量梯度下降铰链分类算法(HCA-MBGDALRM),用于检测异常数据,最大程度地减少安全攻击的影响。与传统方法相比,HCA-MBGDALRM 显著提升了深度网络训练的性能。

(2) 我们对 HCA-MBGDALRM 的性能进行了理论分析。与传统的神经网络、决策树和逻辑回归相比,该算法在规模和速度上都大幅提高了深度网络训练的性能,将整个训练数据集的损失函数最小化。优化结果表明,引入的算法可以有效地收敛到近似全局最优解。我们解决了从物联网设备爆炸产生的大量流量数据中挖掘恶意数据的问题,使得智能硬件设备、网络对用户而言更加安全可靠。

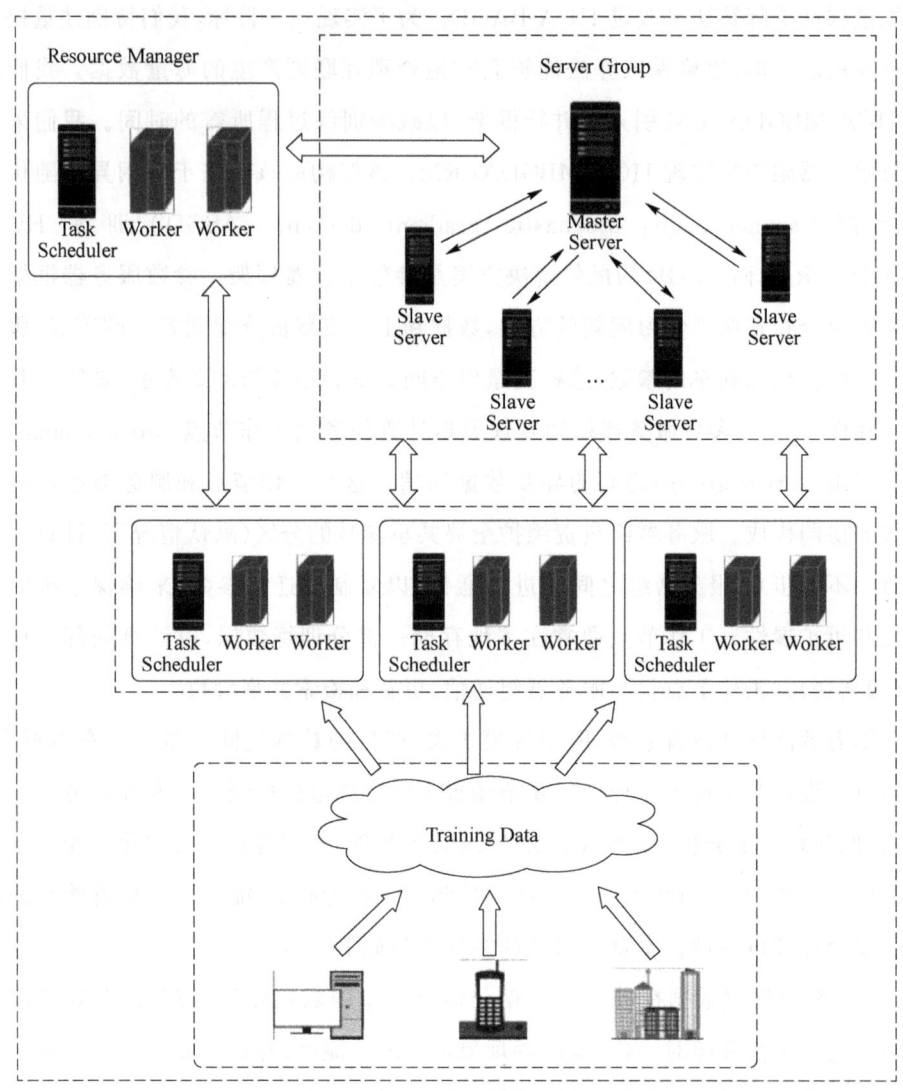

图 2-1 参数服务器框架

(3) 我们采用异步批量梯度下降算法,从序列化和压缩的角度来进行调优,通过采用批量梯度下降算法来训练数据子集,减轻参数服务器的压力,解决了大数据 Shuffle 阶段的数据倾斜问题。

(4) 我们为 HCA-MBGDALRM 应用了并行框架,以加快超大流量数据集的处理速度。通过实现该算法的并行框架,加快海量数据的处理速度,大幅减轻了参数服务器的负担,解决了大数据 Shuffle 阶段的数据倾斜问题,并且实现了该算法的并行框架,大幅加快了对于大流量数据集的处理速度。我们研究如何提高所提出方法的稳定性,并通过实验验证其有效性。

本章中其余部分的组织结构安排如下:第2.2节提出并说明了HCA-MBGDALRM,详细介绍了训练方法,并介绍了HCA-MBGDALRM的并行框架;第2.3节进行了实验评估,包括实验数据集的选择、参数优化以及不同算法实验结果的对比分析,并直观地展示了我们的实验结果。

2.2 基于铰链分类算法的网络流量检测算法

本节重点介绍铰链分类算法的可信体系结构。为了提高模型的效率和准确性,我们提出了一种解决数据并行性问题的方法。

2.2.1 铰链分类算法损失函数

我们旨在通过确定正样本与负样本之间的超平面来尽可能准确地区分它们。为了实现此目标,将 $\theta^T \cdot x$ 定义为超平面,并且 $\min(\theta^2)$ 是目标函数,并以 $y \cdot \theta^T \cdot x \geqslant 1-n$ 作为约束来最大化两类样本之间的距离。一些离群值可能是由错误分类引起的,并且 n 使约束更加通用。

我们使用可信赖的铰链损失函数(hinge loss function)来代替传统的硬约束条件,其直观的图形展示如图2-2所示。铰链损失函数最初是为二分类问题精心设计的,其核心优势在于能够自然地融入最大间隔算法中,尤其是支持向量机(SVM)的特征选择问题。该函数通过量化预测值与真实值之间的不一致性,即预测得分与正确分类边界的距离,来衡量模型的性能。具体而言,当预测值正确但接近分类边界时,损失值较小;而当预测值错误或远离正确分类边界时,损失值会显著增加。在采用铰链损失函数进行优化时,一个关键步骤是对数据进行预处理,以便更有效地聚焦于那些对分类决策面(即超平面)位置影响最大的样本点。这是因为,在SVM的训练过程中,最大化间隔的目标促使算法主要关注那些位于或靠近决策边界的样本,这些样本被称为支持向量。远离超平面的样本,虽然理论上也参与损失计算,但由于它们对最终决策面的位置影响甚微,因此在优化过程中往往可以被视为噪声或次要因素进行适当过滤或降权处理。

此外,选择合适的正则化参数也是优化过程中的重要一环,它有助于控制模型的复杂度,防止过拟合,特别是在处理高维数据或有限样本集时尤为重要。正则化参数与铰链损失函数相结合,共同指导模型在追求低训练误差的同时,也保持较好的泛化能力。

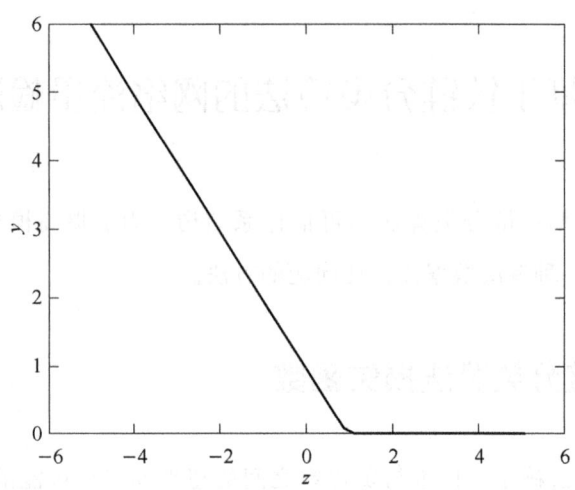

图 2-2 铰链损失函数

首先,为了用其代替约束,我们描述铰链损失函数如下:

$$\text{loss}(z) = \max(0, 1-z) \tag{2-1}$$

由于 $n \geqslant 0$,且 $y \cdot \theta^T \cdot x \geqslant 1-n$ 可化简为 $n \geqslant 1 - y \cdot \theta^T \cdot x$,因此约束将转换为铰链损失函数 $\max(0, 1 - y \cdot \theta^T \cdot x)$。给出的式子如下:

$$f(\theta) = \frac{1}{2} \sum_{j=1}^{n} \theta_j^2 + C \sum_{i=1}^{m} \max(0, 1 - y_i \sum_{j=1}^{n} \theta_j \cdot x_{ij}) \tag{2-2}$$

其中,第一项包含一个较小的 θ,另一项包含一个常数 C。常数的选择会影响损失的量度,因此,我们将详细描述选择合适的常数 C 的标准。假设我们有 m 个训练示例 (x_i, y_i),并且 $x_i = [x_{i1}, x_{i2}, \cdots, x_{in}]$。另外,与此类似,$\theta_i = [\theta_{i1}, \theta x_{i2}, \cdots, \theta_{in}]$。

常数 C 是一个正则化参数,主要反映错误分类的重要性。如果不需要对点进行错误分类或在正负类之间定义狭窄的边界,我们可以选择较大的 C 值。但是,如果可以容忍错误分类的点并且它们通常远离边界,则我们也可以选择较小的 C 值。

2.2.2 铰链分类算法的优化方法

通常使用二次规划方法来求解式(2-2)。但是,对于大规模数据集,使用梯度下降法更为有利。在梯度下降法中,数据可以驻留在磁盘上,而不是像二次规划一样存储在内存中。向量的每个分量将用于计算方程的导数,以实现梯度下降的目标。为了使 $f(\theta)$ 最小,我们沿梯度的相反方向移动分量。此外,我们移动分量的数量都与该分量的导数有关。

我们选择一个常数 α 作为每一轮的学习率。具体来说,我们指定:

$$\theta_j = \theta_j - \alpha \cdot \frac{\alpha f(\theta)}{\alpha \theta_j}, \text{for all } j = 1, 2, \cdots, n \tag{2-3}$$

将式(2-3)中的第一项的导数 $\frac{\alpha f(\theta)}{\alpha \theta_j}$ 作为 θ_j。第二个术语很难表达,因为它涉及铰链功能。因此,我们将使用 if-then 表达式来描述这些导数,如下:

$$\frac{\alpha f(\theta)}{\alpha \theta_j} = \theta_j + C \sum_{i=1}^{m} \text{if } y \cdot \theta^T \cdot x_i \geqslant 1, \text{then } 0 \text{ else} - y_i \cdot x_{ij} \tag{2-4}$$

由于 SGD 算法主要用于更新式(2-4),因此优化过程存在缺点。

2.2.3 基于 HCA-MBGDALRM 分析

为了求解式(2-4),我们采用梯度下降法来确定原始方程。由于原始方程包含许多参数,因此必须使用基于数值优化的算法来找到最优解。但是,由于梯度下降法必须遍历所有样本才能找到最佳近似解,因此每次迭代的计算成本都会随着训练样本的增加而线性增长。因此,在处理大量训练样本时,梯度下降法的开销将非常高。为了加速收敛过程,我们使用 SGD 算法求解式(2-4)。随机梯度下降算法解决了梯度下降算法的缓慢收敛问题。在 SGD 算法中,梯度的减小并不是基于损失函数是否达到最大值,而是基于当前参数下的梯度值。具体来说,无论损失函数处于何种值,只要其梯度不为零,SGD 算法就会沿着梯度的反方向更新参数,以期望减小损失函数。梯度的计算是基于当前选定的样本或样本批次的损失函数对参数的导数。然而,SGD 算法也存在一些潜在的问题,如梯度噪声、学习率选择以及可能陷入局部最优解等。因此,铰链分类的训练性能可能不稳定,并且对噪声敏感。

为了减轻 SGD 算法的这些负面影响,我们引入了一种名为铰链分类算法的快速检测算法。这种快速检测算法主要由基于小批量梯度下降算法的铰链分类算法(HCA-MBGD)组成。算法的详细描述如下。

算法 2-1:HCA-MBGD

输入:x, y, C, α, batch_size, epoch

输出:θ

1.　　$\theta = 0$, batch_size $=$ min(batch_size, len(y))
2.　　**for** $t = 1$ to epoch **do**
3.　　　　batch $=$ Random_Select(len(x), batch_size)
4.　　　　x_batch, y_batch $= x$[batch], y[batch]
5.　　　　err $= 1 - y$_batch $\cdot x$_batch $\cdot \theta$
6.　　　**if** (max_value(err)) $\leqslant 0$ **then**
7.　　　　　continue
8.　　　　mask_list $=$ choose_err(err)
9.　　　　$\Delta\theta = \alpha \cdot C \cdot y$_batch[mask_list]
10.　　　$\theta = \theta - \dfrac{1}{\text{len(mask\_list)}} \cdot \Delta\theta \cdot x$_batch[mask_list]
11.　**end**

当使用 HCA-MBGD 求解目标函数时,该算法会在每次迭代时朝目标函数下降最快的方向更新参数。但是,由于采用了 HCA-MBGD 来更新梯度,每个参数更新的方向仅取决于当前的位置。在等式中,参数维度非常大。当使用上述算法迭代参数时,在某些参数梯度方向上,参数比其他梯度方向的变化更为剧烈。因此,为了避免越过极小值,需要采用较小的学习率。

但是,使用较小的学习率进行模型训练时,尽管可以确保算法的稳定性,却往往会显著减缓算法的收敛速度,导致训练过程冗长且效率低下。为了有效加快算法的收敛速度,同时保持训练过程的稳定性,我们引入了动量法对 HCA-MBGD (hinge classification algorithm based on Mini-Batch Gradient Descent)进行了优化校正。动量法是一种广泛应用于梯度下降算法中的技术,旨在通过考虑历史梯度信息来平滑梯度更新路径,特别是在处理复杂、高维数据集时,能够显著加速收敛过程。

在更新梯度时,动量法不仅考虑了当前梯度,还加入了前一步(或前几步)梯度的累积效果,即动量项。这一机制有助于在梯度方向一致时加速更新,而在方向频繁变化时减缓更新,从而减少了震荡,提高了算法的收敛速度。我们将这一结合了动量的 HCA-MBGD 命名为铰链分类算法(hinge classification algorithm),其核心组成部分是带有动量的小批量梯度下降(HCA-MBGDM)。算法的详细描述如下。

算法 2-2:HCA-MBGDM

输入:x, y, C, α, η, batch_size, epoch

输出:θ

1. $\theta = 0$, batch_size $=$ min(batch_size, len(y))
2.   **for** $t=1$ to epoch **do**
3.   batch $=$ Random_Select(len(x), batch_size)
4. x_batch, y_batch $= x$[batch], y[batch]
5.   err $=1-y$_batch $\cdot x$_batch $\cdot \theta$
6.   **if** (max_value(err)) $\leqslant 0$ **then**
7.   continue
8.   mask_list $=$ choose_err(err)
9. $\Delta \theta = \alpha \cdot \Delta \theta + \eta \cdot C \cdot y_{\text{batch[mask}_{\text{list}}]} \cdot x$_batch[mask_list]
10. $\theta = \theta - \dfrac{1}{\text{len(mask\_list)}} \Delta \cdot \theta \cdot x$_batch[mask_list]
11. **end**

在 HCA-MBGDM 的每次迭代中,参数在每个方向上的移动范围不仅取决于当前梯度,还取决于每个方向上每个梯度的一致性。例如,当所有梯度都在同一方向上时,两个梯度都指向水平方向,则该参数最大程度地向右水平移动。如果先前的梯度在垂直方向上,则参数在垂直方向上的移动范围将更小。这种机制允许我们使用相对较大的学习率,从而有效提升了铰链分类算法的收敛速度。随着算法迭代次数的增加,学习率应逐渐降低。否则,很容易在最小值附近摆动,这会影响收敛速度。尽管 HCA-MBGDM 加快了算法的收敛速度,但学习率只是设置的某

个固定的值。针对这种情况,我们提出了基于自适应学习率的小批量梯度下降的铰链分类算法(HCA-MBGDALR)。算法的详细描述如下。

算法 2-3:HCA-MBGDALR

输入:x, y, C, α, η, ε, batch_size, epoch

输出:θ

1. $\theta = 0$, batch_size $=$ min(batch_size, len(y))
2.   **for** $t = 1$ **to** epoch **do**
3.   batch $=$ Random_Select(len(x), batch_size)
4. x_batch, y_batch $= x$[batch], y[batch]
5.   err $= 1 - y$_batch $\cdot$ x_batch $\cdot \theta$
6.   **if** (max_value(err)) $\leqslant 0$ **then**
7.   **continue**
8.   mask_list $=$ choose_err(err)
9. $g = C \cdot y$_batch[mask_list] $\cdot x$_batch[mask_list]
10. $s = \alpha \cdot s + (1 - \alpha) \cdot g$
11. $\Delta\theta = \alpha \cdot \Delta\theta + \eta \cdot C \cdot y$_batch[mask_list] $\cdot x$_batch[mask_list]
12. $\theta = \theta - \dfrac{n}{\sqrt{s + \varepsilon}} \cdot n$
13.   **end**

    HCA-MBGDM 结合了动量法,以平滑不同维度的梯度之间的相互作用。HCA-MBGDALR 使用自适应学习率来更改学习率,从而自适应地提高收敛速度并降低局部振荡的风险。在初始条件下,HCA-MBGDM 和 HCA-MBGDALR 均需将初始值设置为 0,这种设置方式将会导致在早期迭代过程中出现冷启动问题。

    为了结合小批量梯度下降(Mini-Batch Gradient Descent,MBGD)算法的高效性和稳定性,以及自适应学习率和动量法的快速收敛与抗振荡特性,同时有效应对冷启动问题(即在新用户或新物品缺乏足够历史数据的情况下,推荐系统难以提供准确推荐的问题),我们创新性地提出了一种基于自适应学习率和动量的小批量梯度下降铰链分类算法(HCA-MBGDALRM)。

    HCA-MBGDALRM 的核心在于其自适应学习率机制。这一机制能够根据当前训练状态动态调整学习率,从而在保证算法稳定性的同时,自适应地提高收敛速度。与固定学习率相比,自适应学习率能够更有效地应对数据分布的变化,避免在训练初期因学习率过大而导致模型震荡或在训练后期因学习率过小而导致收敛缓慢。此外,HCA-MBGDALRM 还融入了动量法,通过在梯度更新过程中引入历史梯度的累积效应,提高了收敛速度,并减少了在梯度方向频繁变化时震荡现象的发生。动量项的作用就像是一个"加速器",它能够在梯度方向一致时加速更新,而在方向变化时提供"阻尼",使模型更新更加平滑。

针对冷启动问题,HCA-MBGDALRM 采取了一系列策略来增强模型的泛化能力。一方面,通过引入正则化参数来防止模型过拟合,确保即使在有限的数据下也能学习到有效的特征表示;另一方面,利用迁移学习等方法,从相似任务或域中迁移有用的知识和经验,以辅助新用户或新物品的推荐。此外,该算法还考虑了利用内容信息、社交网络数据等辅助信息来弥补历史数据的不足,从而提高在冷启动情况下的推荐准确性。

对于 HCA-MBGDALRM,动量用于平滑不同维度的梯度之间的相互作用。此外,我们使用自适应学习率来减少震荡。为了缓解冷启动问题,我们使用 $s=\frac{s}{1-\alpha^t}$ 和 $n=\frac{n}{1-\beta^t}$ 来避免在初始状态下非常小的变量值。随着时间的推移,我们扩大 s 和 n 的值,最终获得完美的结果。详细信息见算法 2-4。

算法 2-4:HCA-MBGDALRM

输入:x, y, C, α, β, ε, η, batch_size, epoch

输出:θ

1. $\theta= 0$, batch_size $=$ min(batch_size, len(y))
2.   **for** $t=1$ to epoch **do**
3.   batch $=$ Random_Select(len(x), batch_size)
4. x_batch, y_batch $= x$[batch], y[batch]
5.   err$=1-y$_batch・x_batch・θ
6.   **if** (max_value(err)) $\leqslant 0$:
7.   continue
8.   mask_list $=$ choose_err(err)

9. $g = C \cdot y\_batch[mask\_list] \cdot x\_batch[mask\_list]$
10. $s = \alpha \cdot s + (1-\alpha) \cdot g$
11. $n = \beta \cdot n + (1-\beta) \cdot g$
12. $s = \dfrac{s}{1-\alpha^t}$
13. $n = \dfrac{n}{1-\beta^t}$
14. $\theta = \theta - \dfrac{n}{\sqrt{s+\varepsilon}} \cdot n$
15. end

2.2.4 并行 HCA-MBGDALRM 框架

为了处理大量数据，可以对 HCA-MBGDALRM 进行改进，以实现一种并行算法。在传统算法中，并行性主要是使用并行数据实现的。数据并行性可以通过以下方式实现：①我们将数据集划分为子集，使用不同的映射函数计算子集；②参数服务器从不同的子集中获得结果，并依次更新参数。

传统的并行解决方案存在很多缺点。在这些解决方案中，参数服务器是固定的，并且该过程能否成功更新参数主要取决于参数服务器。因此，参数服务器的故障可能会导致整个模型的故障。在传统的并行解决方案中，尽管数据并行性主要是通过将数据划分为子集来实现的，但是更新参数的过程必须是串行且同步的。这导致了一个严重的问题：当计算后的参数由子集上载到服务器时，它们必须等到其他子集完成计算和上载参数后才能开始下一次迭代，这导致占用的资源大部分被浪费了。当前需要一种解决数据并行化问题的有效方法来缩短模型的执行时间。如果可以实现这种方法，将大大提高训练效率和模型准确性。文献[13]中提出的 Downpour SGD 算法适用于异步小批量梯度下降（ABGD）算法的应用场景。

我们引入了参数服务器框架来解决数据和模型并行化的问题。参数服务器框架如图 2-3 所示，在参数服务器框架中，模型参数以键/值对进行表示。工作节点与服务器之间通过 push 和 pull 等操作进行交互。工作节点使用 push 操作将梯度值发送到服务器，并从服务器获取梯度值以更新本地参数。为了提高计算性能和带宽效率，参数服务器支持范围 push 操作和范围 pull 操作。

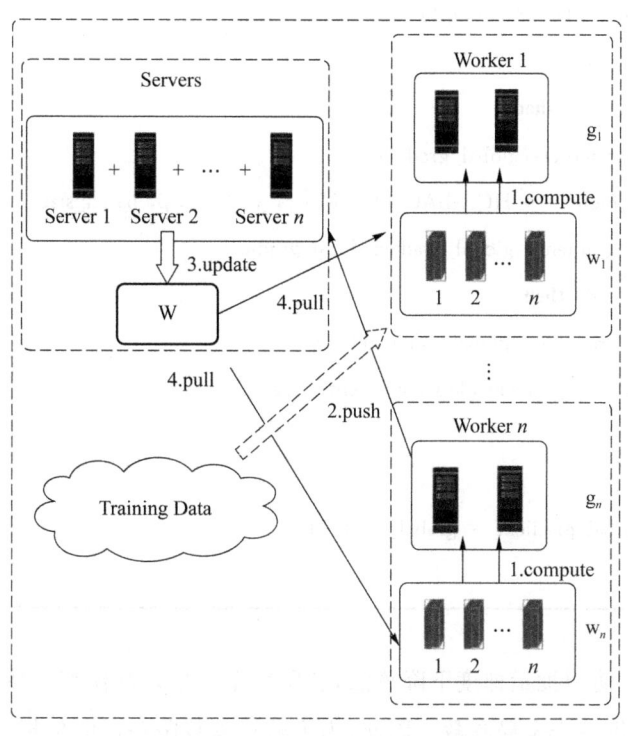

图 2-3　HCA-MBGDALRM 参数服务器框架

作为标准训练模式，参数服务器框架以并行方式处理数据和模型。尽管上述问题基本上可以通过此框架解决，但批量梯度下降仍然是一种在线方法，这意味着参数的频繁更新仍将带来很大的负担。为了解决由于更新大量参数而导致的问题，参数服务器框架可以使用 pull 线程从服务器获取参数，并使用 push 线程在指定的时间间隔内将梯度值上传至服务器，以减轻负担。通过最小化训练数据集的损失函数，可以获得近似全局最优值。基于这一思路，我们设计了并行 HCA-MBGDALRM。该算法的框架如下。

算法 2-5：HCA-MBGDALRM 参数服务器框架

输入：n_{pull}, n_{push}, x, y, C, α, β, ε, batch_size, epoch, iters

输出：global_gradient

1. global_gradient = $(\theta_1, \theta_2, \cdots, \theta_n)$,
2. local_gradient = $(\theta_1, \theta_2, \cdots, \theta_n)$,
3. while $i < iters$：
4.   if $(i \% n_{pull} = 0)$ then
5.   pull_parameters(global_gradient)
6.   local_gradient = HCA-BAGDALRM $(x, y, C, \alpha, \beta, \text{batch\_size}, \text{epoch}, \text{iters}, \varepsilon)$
7.   global_gradient = global_gradient - local_gradient
8.   if $(i \% n_{push} = 0)$ then
9.   push_parameters(global_gradient)
10.   if ($\|$old_global_gradient - global_gradient$\| \leq \varepsilon$)
11.   **break**
12. $i = i + 1$
13.   old_global_gradient = global_gradient
14. **end**

每次迭代,使用批量梯度下降算法,利用数据子集训练模型。参数服务器框架为每台机器提供一个全局参数。因此,为了减轻参数服务器的负担,必须进行具体的配置。为了达到这个目标,我们迭代地执行 Mod 操作。当结果为 0 时,从参数服务器获取参数。类似地,通过迭代执行 Mod 操作,可以控制向参数服务器提交参数子集的频率。

2.3 性能评估

由于流量检测是一个分类问题,因此我们使用几种典型方法(即神经网络、决策树和逻辑回归)来比较和评估 HCA-MBGDALRM 的性能。

2.3.1　训练样本

表 2-1 为正、负样本。我们选择 Alex 排名前 10 000 的域名作为正样本,并选择 360 Netlab 中的一些异常域名作为负样本。我们使用特征工程将域名转换为特征向量,并测试了 HCA-MBGDALRM 的性能。

表 2-1　正、负样本

正样本	负样本
Google.com	1yb3mkw1vipc2qt1mv4qr3xcqf.org
Baidu.com	1qoqlc84ov1ax11dyg3h1y5y2xt.com
Sina.com	1f3yeryza1ulk1vuyrdw1nek6dd.com
qq.com	egkcoc1oay5hij4j78qgo8fbk.net
Sohu.com	1wakafb1qxf5jpl3mhp510bghi2.com
Youtube.com	1cj5mni164n5xqx2hvjiuyzpvf.com
Facebook.com	1rlyqqjmg96163qi2bcn6hzkx.org
Yahoo.com	1nj3ubrxjm9p317bdrm3dcul8x.org
Amazon.com	14t5kg6184p31fpjzi8yss8dfq.org
Taobao.com	9vw9k51jl2kgdk5y69k1bj6121.org

2.3.2　铰链分类算法优化

在铰链分类算法中,我们测试了如 HCA-MBGD、HCA-MBGDM、HCA-BAGDALR 和 HCA-BAGDALRM 等不同的优化算法,以加快模型的收敛速度。四种算法均使用小批量样本来训练模型。每次从数据集采样一小批次时,该批次都会用于梯度下降。为了测试以上四种算法的准确性,我们采用这四种算法来检查异常信息并评估详细的分类效果,如图 2-4 所示。

从图 2-4 中,我们可以看到,HCA-MBGD、HCA-MBGDM、HCA-BAGDALR 和 HCA-BAGDALRM 可以将正样本和负样本很好地分开。其中,HCA-BAGDALRM 的性能最好,而 HCA-MBGD 与 HCA-BAGDALRM 的准确性最差。因此,HCA-BAGDALRM 具有更强的泛化能力。

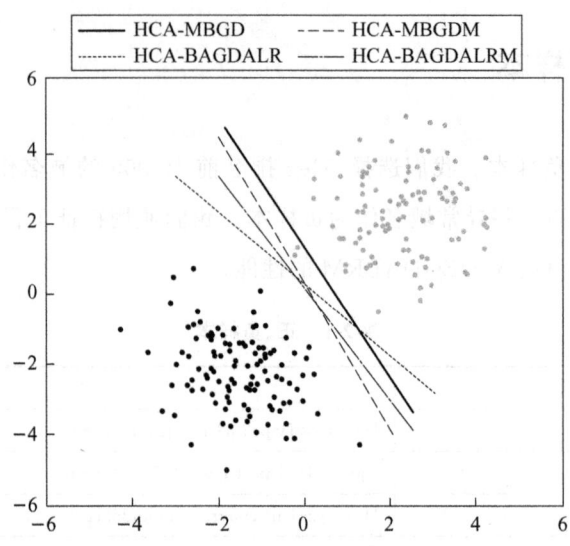

图 2-4 铰链分类算法中不同的优化方法

为了确保模型的准确性,模型不仅应达到更快的收敛速度,而且还应使整个收敛过程平稳而震荡不剧烈。我们测试了以上四种算法,结果如图 2-5 所示。

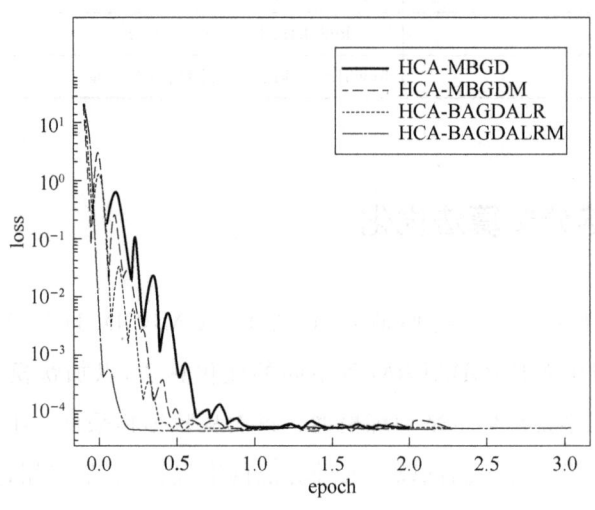

图 2-5 不同优化算法的收敛速度

图 2-5 显示,四种优化算法具有不同的收敛速度。HCA-BAGDALRM 的收敛速度最快,收敛后模型的损失函数较为平稳,振荡不严重。其余三种优化算法的收敛速度均比 HCA-BAGDALRM 慢,同时显示出严重的振荡。特别地,HCA-

MBGD 的表现最差。因此,我们选择 HCA-BAGDALRM 作为基准模型,以与其他模型的效果和分类速度进行比较。

2.3.3 实验与分析

为了验证算法的通用公式,我们对传统的分类算法在准确率、执行时间等方面进行了实验,如神经网络、决策树和逻辑回归。图 2-6 和图 2-7 提供了详细的结果。

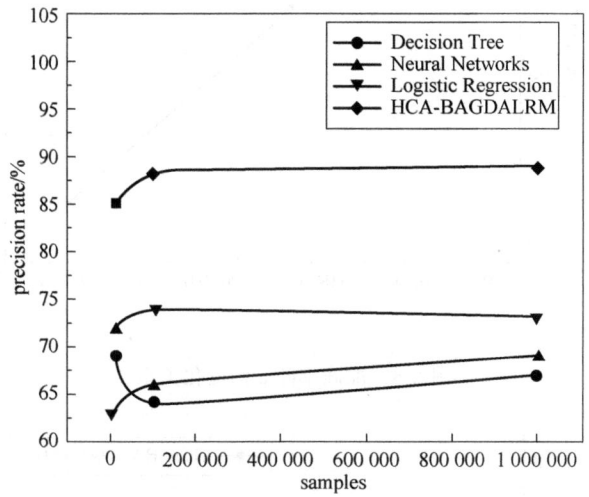

图 2-6　准确率对比

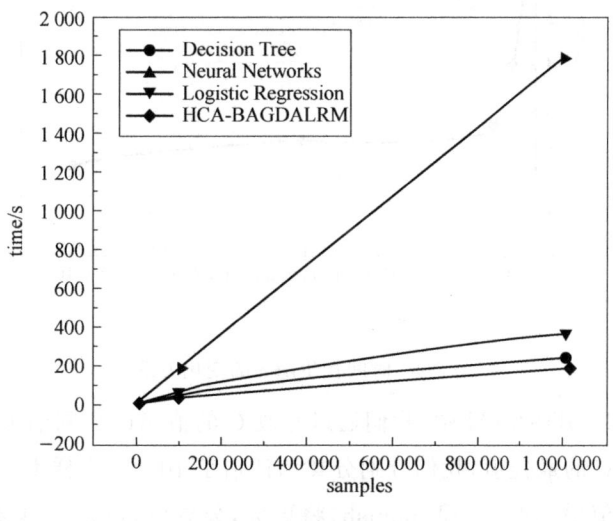

图 2-7　执行时间对比

在 HCA-BAGDALRM 中,梯度迭代的步长受学习率的控制。为了确定最佳的迭代速度,我们进行了许多实验,并分别分类了 10 000 个样本,直到收敛为止。结果在图 2-8 和图 2-9 中详细描述。通过实验发现,当 $\alpha=0.01$ 时,准确率和收敛速度大大提高。因此,$\alpha=0.01$ 是最佳的。

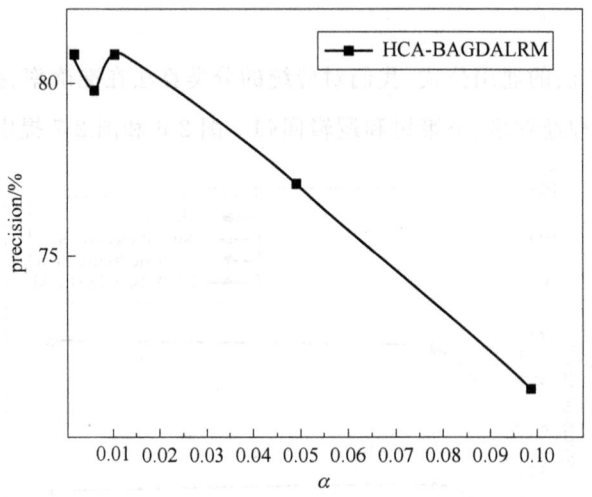

图 2-8 准确率随 α 的变化关系

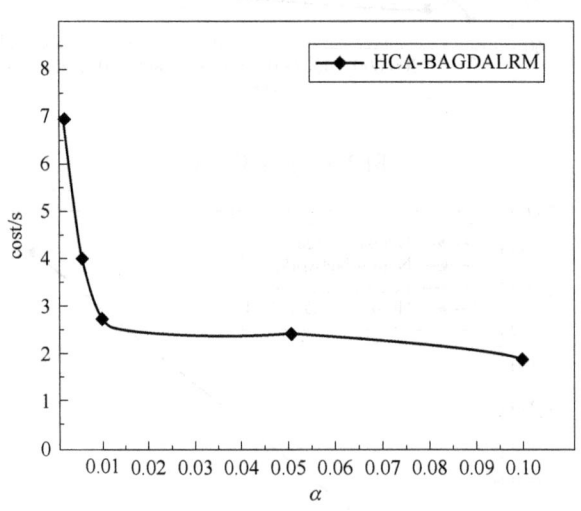

图 2-9 时间代价随 α 的变化关系

在 HCA-BAGDALRM 中,我们通过修改 C 的值来改变间隔大小和分类的准确性。为确定 C 的最佳值,我们分别分类和评估了 10 000 个样本。结果如图 2-10 所示。当 C 的值增大时,惩罚(punish)将更大,公差(tolerance)也会更低,这可能会导致过度拟合。相反,当 C 的值减小时,会发生拟合不足。因此,根据实验结果,对于 HCA-MBGDALRM,$C=1$ 是最佳值。

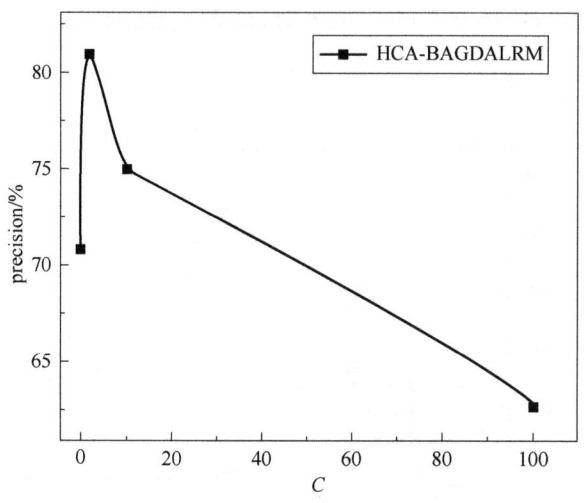

图 2-10 准确率随 C 的变化关系

在 HCA-BAGDALRM 中,超参数 α 和 β 用于控制算法的冷启动问题。为了改善我们的结果,我们调整了这些超参数。

图 2-11 表明,当 $\alpha=0.9$ 时,该算法实现了快速收敛和高精度,并且不会发生明显的振荡。当 $\alpha=0.7$ 时,该算法的收敛速度剧烈波动,不会收敛到与 $\alpha=0.9$ 相同的结果。因此,我们选择 $\alpha=0.9$ 作为模型参数。

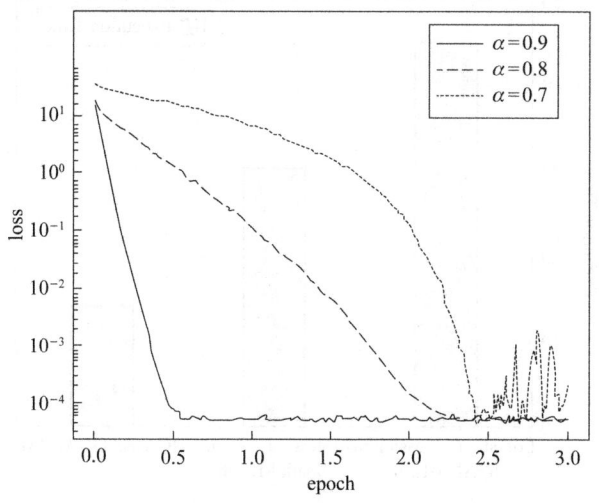

图 2-11 损失随 α 的变化关系

类似地,我们比较在 β 分别取 0.999,0.99,0.9,0.8 时,损失随 β 的变化情况,如图 2-12 所示。图 2-12 显示,当 $\beta=0.999$ 时,该算法收敛速度提高并且振荡不严重。相反,当 $\beta=0.99$、$\beta=0.9$ 或 $\beta=0.8$ 时,该算法无法收敛。

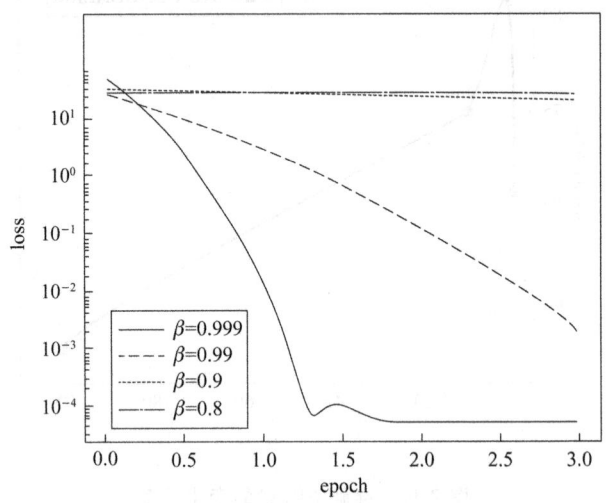

图 2-12 损失随 β 的变化关系

在本章中,我们利用 Spark Mllib 中的逻辑回归、Spark Mllib 中的决策树和 HCA-BAGDALRM 训练 10 000 000 个样本。通过比较消耗时间,我们发现:HCA-BAGDALRM 耗时最短。详细信息如图 2-13 所示。

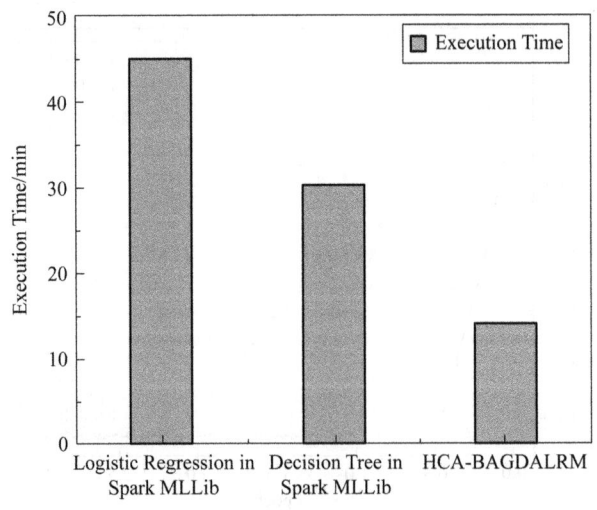

图 2-13 消耗时间对比

第 2 章 复杂场景下网络流量异常检测技术

本章小结

本章我们主要设计一种称为 HCA-BAGD 的新算法，旨在减少检测异常网络流量时 SGD 算法的影响。为了加快算法的收敛速度，我们采用动量法对 HCA-MBGD 进行了改进，该算法主要用于优化梯度更新的过程。HCA-MBGDM 结合了动量法，以平滑不同维度梯度之间的相互作用。HCA-MBGDALR 使用自适应学习率来更改训练过程中的学习率，从而自适应地提高收敛速度并降低局部振荡风险。在此基础上，我们提出了一种新的算法，即 HCA-MBGDALRM，该算法结合了以上这两个算法的优点并解决了冷启动问题。与其他三个算法相比，借助 HCA-MBGDALRM 可以获得更好的性能和更高的精度，成功地解决了从智能硬件设备激增产生的海量流量数据中挖掘恶意数据的问题。该方案提高了算法的训练效率和准确性，确保了物联网生态系统中的数据安全性和隐私性。

我们还为 HCA-MBGDALRM 引入了并行框架，以减少训练所需的时间。我们基于 ASGD 训练 HCA-MBGDALRM，而 ASGD 的最佳解决方案是参数服务器框架。参数服务器框架解决了分布式机器学习问题。将数据和工作负载分配给工作节点，而服务器组用于维护全局共享的参数，这些参数表示为空间矢量和矩阵。我们通过调整 push 操作和 pull 操作之间的时间间隔，减少了参数服务器的负载，通过实验证明，这可以提高流量分类的性能和可靠性。在过去的几年中，数据量的增长速度超过了处理器性能提升的速度。HCA-MBGDALRM 将被广泛运用于各种场景，以应对未来海量数据的挑战。

第 3 章
基于双向 LSTM 误植域名检测技术

3.1 引　　言

随着移动互联网的广泛普及,众多设备纷纷接入互联网,这一趋势在极大便利人们生活的同时,也揭示了一系列安全漏洞。其中,尤为严重的一类安全威胁是采用域名生成算法(Domain Generation Algorithm,DGA)发起的 DDos 攻击[117-122]。采用 DGA 来生成域名,主要是因为硬编码的域名往往不被攻击者青睐,因为这些域名容易被检测并加入黑名单。相比之下,DGA 为攻击者提供了一种生成伪随机字符串作为域名的方法,这种方法可以有效规避黑名单的检测。伪随机是指生成的字符串序列表面上看似随机,但实际上其生成规则是预先设定的,因此可以重复生成和复制,从而增加了检测和防御的难度。该算法常被运用于恶意软件以及远程控制软件上[123]。攻击者往往利用域名作为桥梁,将恶意程序与 C&C 服务器相连,以此实现对攻击者机器的远程操控。这些域名被巧妙地嵌入到恶意程序之中,赋予了攻击者极大的灵活性——他们可以轻而易举地调整这些域名及其对应的 IP 地址,以此躲避追踪和封锁。

这种伪随机域名类似于依据时间顺序精心编码的字符串,其中时间序列蕴含着多层次的时间结构,信息分散在不同的时间尺度之上。近年来,循环神经网络(Recurrent Neural Network,RNN)已被成功训练为处理此类时间序列的模型,但在负向时间方向上的预测仍具挑战性。传统的 RNN 并没有明确适应这种层次结构,且多数研究聚焦于算法训练,而非其基本架构的优化。通过引入双向递归神经网络(Bi-RNN),我们能够同时预测正向与负向时间方向上的变化。为了更有效地识别恶意网站,我们深入分析了大量数据,发现早期的解决方案大多依赖于以往的经验,缺乏对新型威胁的适应性。

Kramer 等[122]提出检索一组与一个或多个已标识的网络对象相关联的规则。每个规则集包含多个策略规则,用于管理与已标识的网络对象关联的活动,并通过协调重叠的策略规则来优化对网络对象的管理。我们的目标是识别恶意域名,它们本质上是由字符序列构成,与时间序列具有相似的性质。因此,基于时间序列的深度神经网络可以帮助我们更好地识别恶意域名的特征,提高其检测的准确性[123]。RNN 是一种功能强大的序列学习工具,具有较强的抗失真和抗噪声能力,并且可以充分利用长范围的上下文信息,在解决我们的问题上展现出了巨大的潜力。

目前,深度神经网络越来越受欢迎。Schuster 等[69-71]研究了不同深度的卷积网络对大规模图像识别精度的影响,采用非常小的(3×3)卷积滤波器结构来评估日益加深的网络。结果表明,当深度被推到 16～19 个权重层时,该结构可以显著优于之前的先进配置。这一发现为他们在 2014 年 ImageNet 挑战赛中赢得本地化和分类任务的第一名和第二名奠定了坚实基础。在过去的几年中,深度神经网络在图像处理、语音识别和自然语言处理等领域取得了巨大的成功。

Shabtai 等[37]从不同的角度解决了与检测相关的挑战,包括文件表示、特征选择算法、分类算法、加权集、不平衡问题、主动学习和时序评估。在调查的基础上,Shabtai 等提出了检测可执行程序中恶意代码的框架应该具备的几个特性,以获得较高的准确性并保持较低的假阳性率,即将正样本错误归类为恶意样本的比率较低。在文献[37-38]中提到,理想的多分类器训练方法应该具有以下特征,包括字节 n 克、操作码和可执行特征。然后,为了获得更高的检测准确率,研究采用加权算法对分类结果进行处理,并采用主动学习机制来实现这一目标。同时,他们也考虑了数据不平衡问题,通过生成分类器来应对现实中恶意文件占比约 10% 的挑战。

对于普通用户来说,恶意 URL 构成了最常见且最具威胁性的安全问题之一,每年因此导致的经济损失数额巨大。这些恶意 URL 往往通过网络钓鱼攻击或含有恶意内容的电子邮件,诱导用户点击访问。由于用户普遍缺乏对 URL 安全性的警觉,他们很容易上当受骗,进而向攻击者泄露个人隐私信息。为了有效应对这些安全威胁,我们必须迅速识别并采取切实有效的防护措施。以往,检测这类恶意 URL 主要依赖于黑名单机制。传统的基于黑名单机制的检测不能解决所有的威胁,特别是动态生成的恶意 URL[50,124]。近年来,为了提高恶意 URL 检测的普适性,越来越多的研究者开始关注机器学习技术。Sahoo 等[39]提出了一种基于机器学习的恶意 URL 识别方法,试图提供一种全面、结构化的恶意 URL 检测分析机制。Sahoo 等将恶意 URL 检测问题的一个形式化表达作为机器学习的任务,并对文献中报道的各种研究成果进行分类和总结,以解决该问题的不同方面(特征提取、算法设计等)。此外,Sahoo 等对网络安全行业的机器学习研究者、学术工程师、专家学者进行了广泛的调查,以更好地了解最新的技术。

随着移动互联网的爆炸式发展和大数据技术的兴起,如何从海量数据中挖掘出关于恶意行为的最佳信息变得非常重要。在可以通过网络与其他系统交换数据的计算机系统中,需要检测与恶意软件(如计算机蠕虫)相关的恶意行为模式的方法。利用决策树、朴素贝叶斯分类器、贝叶斯网络、人工神经网络等机器学习工具可以解决恶意行为模式的检测问题,并根据这些恶意行为模式分析这些机器学习工具的检测结果[125-127]。为了从大量流量中提取关于恶意活动的信息,一种机器学习方法被提出,该方法利用包和流量信息之间的关联,将包级警报与来自相同流量的流量记录的特征向量相结合。文献[127]描述了一个可以用于网络流量警报的系统框架,以及创建概念证明所需的步骤,并对候选机器学习方法在实际数据包跟踪方面的准确性进行了评估和预测。然而,对于机器学习方法,预测有效期是一个问题,特别是在资源密集型 web 应用程序中。初步结果显示,在一两个星期内,性能损失很小。

恶意软件使用域生成算法生成大量域名,然后诱使用户访问这些域名,以窃取用户的私人信息,这极大地威胁了我们的信息安全。本章提出了一种利用深度神经网络对恶意域名进行特征提取和分析的方法。与传统的基于烦琐特征工程的算法不同,本章利用双向递归神经网络的层次结构来提取有效的语义特征。使用基于 HBiRNN 的鉴别算法(Discriminator based on HBiRNN,D-HBiRNN)来检测恶意域名,实验结果表明,该算法不仅有效,而且与传统基于特征工程的算法相比具有显著优势。本章还深入研究了双向递归神经网络层次结构对时间序列处理的影响。Bi-RNN 每一层都是一个递归网络,接收前一层的隐藏状态作为输入。该结构允许我们对困难的时间任务执行分层处理,并更自然地捕获时间序列的结构。研究结果显示,当使用简单的随机梯度下降方法进行训练时,这种结构可以在恶意域名的建模和检测方面达到最新的循环网络性能。

我们的主要贡献在于提出并训练了 Bi-RNN,该网络能够同时在正向和负向时间方向上做出预测,从而在检测安全问题时展现出比传统基于特征工程的算法(决策树、逻辑回归、神经网络及 SVM 算法等)更高的效能。具体而言,我们的研究成果如下。

(1) 针对海量网络数据及复杂高维入侵行为特征等安全挑战,传统检测技术常因建模能力不足及"维度灾难"等问题而受限。为此,本章创新性地提出了一种基于双向 LSTM 的误植域名检测技术。该技术显著提高了在大规模域名集合中检测误植域名的速度。

(2) 本章设计了一种分层双向递归神经网络算法,旨在提高对恶意域名的识别准确性。该算法使我们能够对困难的时间任务执行分层处理,并更自然地捕捉时间序列的潜在结构。实验证明,该算法的准确性远超决策树、朴素贝叶斯分类器、贝叶斯网络及人工神经网络等传统机器学习算法。

(3) 以往误植域名检测工作多依赖于计算域名对之间的编辑距离,却忽视了域名的上下文信息,且对短域名的检测易产生大量的假阳性结果。这些特征往往基于人为构建,主观因素的介入可能导致模型偏差。本章的方法避免了在特征提取过程中引入过多主观因素,从而提高了检测的客观性。

(4) 在设计过程中,本章采用基于域名字符串的轻量级检测策略,并引入双向 LSTM 来充分利用域名上下文信息,提升检测效果。通过设计面向域名的局部敏感哈希函数,进一步提高在大规模域名集合中检测误植域名的速度。该方法有效弥补了基于编辑距离检测方法的不足,能够准确地进行误植域名滥用检测。该方法在恶意域名的建模和检测中,帮助周期性网络实现最优异的性能表现。

本章中其余部分的组织结构安排如下:第 3.2 节将详细介绍 LSTM 和 RNN,并提出双向递归神经网络层次结构的新概念;第 3.3 节将展示实验结果,将本方案与现有的典型方案进行对比分析,得出结论。

3.2 双向递归神经网络的层次结构

RNN 的一个显著优势是可以利用上下文信息来构造输入序列与输出序列之间的复杂映射关系。这一特性使得 RNN 在处理时间序列数据时展现出卓越的建模能力。通过深化 RNN 的层次结构，可以抽象出更为精细的特征进行表征。然而，传统 RNN 存在一个局限性，即其所能访问的上下文信息范围相对狭窄。同时，标准 RNN 还面临一个关键问题：随着时间序列长度的延伸，会出现梯度消失或梯度爆炸现象。为解决这一难题，Hochreiter 等[72]提出了长短期记忆（Long-Short-Term Memory，LSTM）网络模型来解决传统 RNN 带来的痛点。研究表明，LSTM 在学习效率上显著优于传统 RNN。此外，LSTM 凭借其独特的架构，成功应用于多个领域，有效克服了传统 RNN 在处理长时延问题时所面临的困难。

传统的网络结构存在一个显著缺陷，即仅考虑正向或反向结构，而忽略了正、反向结构相结合的潜力。针对这一缺陷，Krizhevsky 等[64]对传统 RNN 进行了改进，将其扩展为双向递归神经网络结构。该网络结构可以在不限制输入信息的情况下进行训练，直至在两个方向上均达到预设的未来帧预测标准。引用的研究详细阐述了拟议网络的结构和培训程序。在针对人工数据的回归和分类的实验中，结果显示，该网络结构相较于其他网络结构具有更好的性能。对于真实数据，TIMIT 数据库的音素分类也呈现出相似的趋势。

在设计中，本章采用了层次化的双向循环神经网络架构，旨在从恶意域名数据中高效地抽取特征。采用双向循环神经网络对域名进行建模，是因为单向循环神经网络（RNN）在特征提取过程中存在局限性，它仅能捕捉域名的前向特征，却忽略了在时间序列数据中后端数据对前端数据的潜在影响。为了更全面、深入地分析并检测由域名生成算法（DGA）产生的恶意特征，我们引入了双向循环神经网络架构。详细检测 DGA 特征的 Bi-RNN 框架如图 3-1 所示。

第 3 章 | 基于双向 LSTM 误植域名检测技术

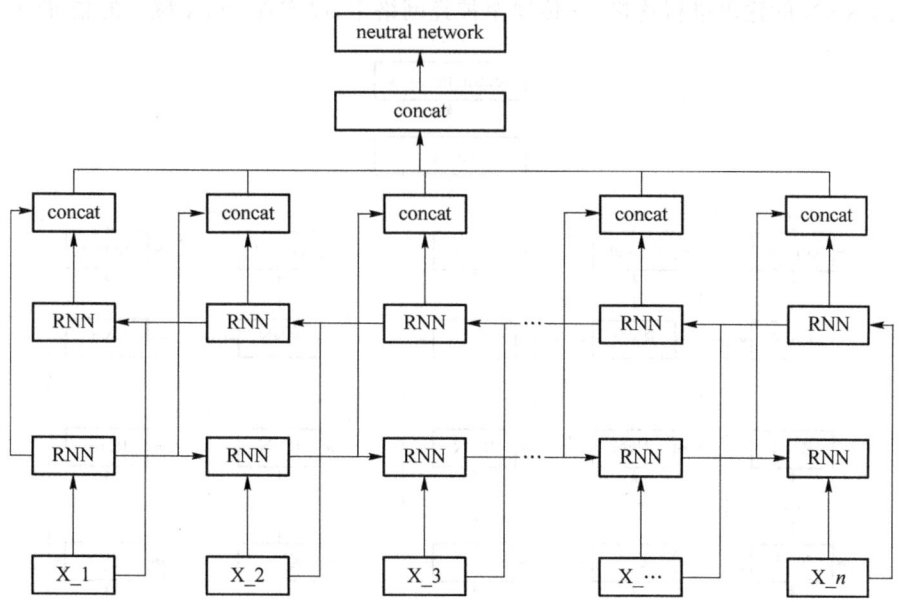

图 3-1 检测 DGA 特征的 Bi-RNN 框架

从图 3-1 中可以看出,我们将每个域名抽象为字符序列,并将这个字符序列表示为时间序列。其中,X_$t(t=1,2,\cdots,n)$ 主要由两部分组成,一部分表示组成域名的每个字符的嵌入特征,另一部分表示每个字符在域名中位置的嵌入特征。(这里使用字符位置的嵌入特性主要是因为 DGA 生成的域字符序列不像普通的域名那样易于阅读和记忆。因此,我们还嵌入了字符序列位置特征,将其输入到 Bi-RNN 中进行学习)。在特征融合后,这些嵌入特征被串联起来,输入到 Bi-RNN 中。与单向 RNN 不同,Bi-RNN 在正向和反向两个方向上同时建模,通常被认为可以更好地执行此类任务,因为此时它们可以捕获更丰富的数据表示。在双向神经网络训练中,正向和反向路径是独立学习的,随后将它们连接起来,以便更好地集成序列的正向和反向特性。采用 Bi-RNN 的层次结构主要是为了提升使用检测 DGA 特征的 Bi-RNN 框架(图 3-1)的网络所获得的效果。通过对双向 LSTM (Bidirectional LSTM,Bi-LSTM)网络层的叠加,可以对提取的特征进行进一步的抽象,得到更准确的特征表示。检测 DGA 特征的 Bi-RNNs 的层次结构如图 3-2 所示。

由图 3-2 发现,每个 Bi-RNN 单元通过连接正向与反向路径的输出,并将其作为下一个 Bi-RNN 单元的输入。通过堆叠多个 Bi-RNN 单元,我们最终将最后一层 Bi-RNN 的输出进行连接,并传递至神经网络中,以实现 DGA 域名的精准识别。

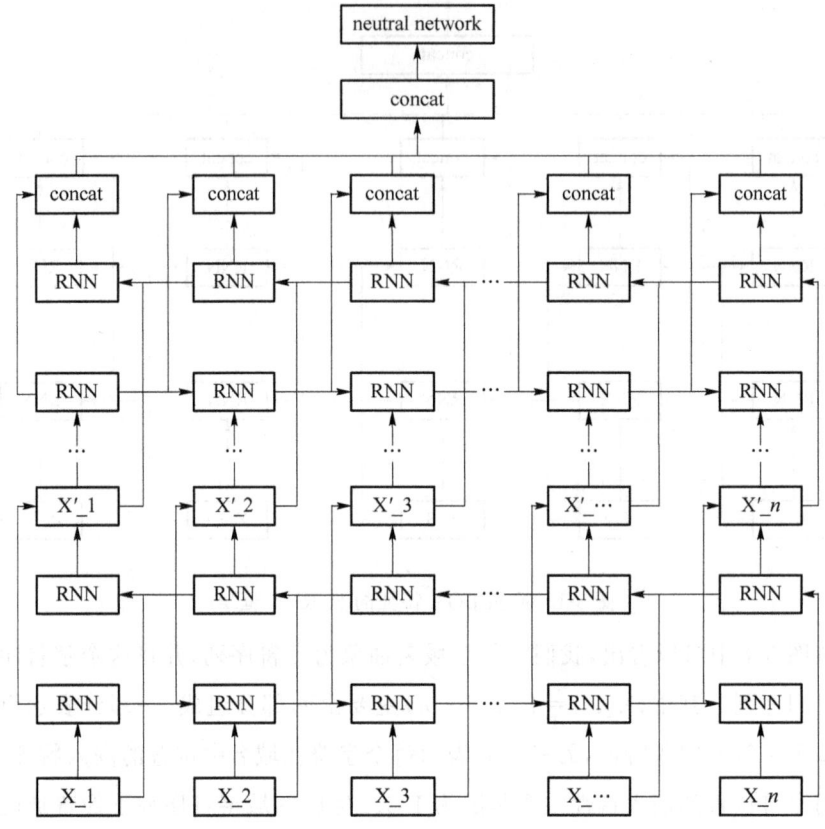

图 3-2 检测 DGA 特征的 Bi-RNNs 的层次结构

由于传统的 RNN 单元存在梯度消失与梯度爆炸的问题,尽管梯度裁剪策略可以在一定程度上缓解梯度爆炸的现象,但无法解决梯度消失的问题。当我们将一个域名视作一个时间序列进行处理时,RNN 在实际应用中面临着巨大挑战,即难以有效捕捉那些时间间隔较远的文本元素(如字符或单词)之间潜在的依赖关系。为此,我们设计采用 Bi-LSTM 来作为基本的抽象单元,然后对多个 Bi-LSTM 单元进行堆叠,得到最终的结果如图 3-3 所示。

架构中的层次化 Bi-LSTM 结构由多个基于 Bi-LSTM 单元的基本块组成,类似地,每个 Bi-LSTM 单元使用单个 LSTM 单元作为其基本块。LSTM 的核心竞争力在于其卓越的能力,使得其在挖掘那些跨越较大空间范围的依赖关系时间序列数据时能够展现出更为出色的性能。LSTM 通过隐式状态来管理长期记忆与短

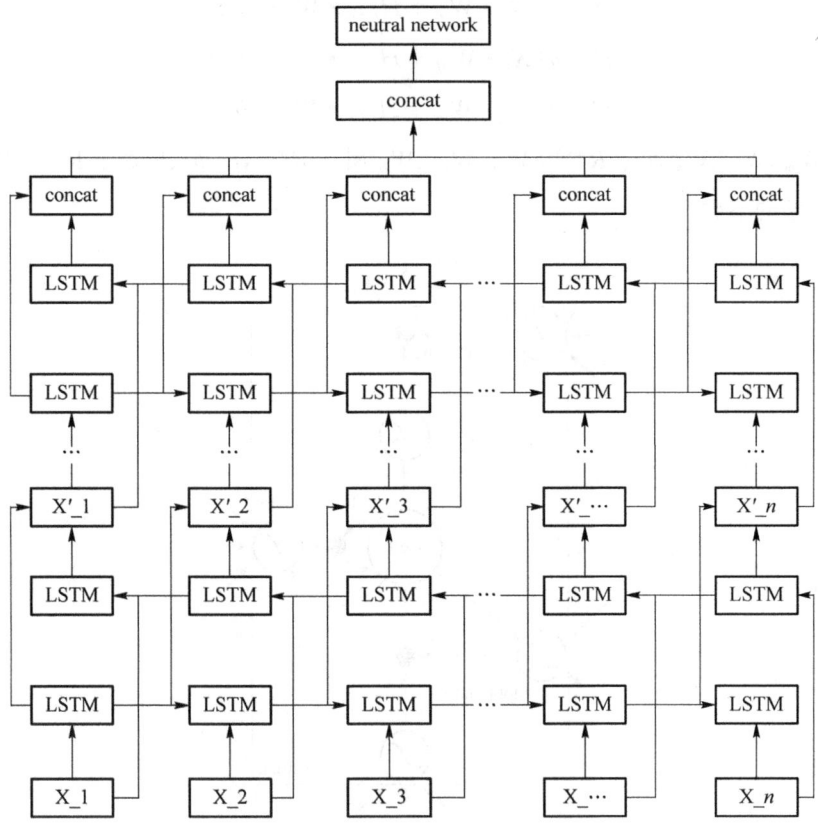

图 3-3 检测 DGA 特征的 Bi-LSTM 单元的层次化架构

期记忆,这些状态包括隐层变量以及与隐层变量形状相匹配的记忆细胞。

如图 3-4 所示,得益于 LSTM 结构中引入的额外控制门,相较于传统的循环神经网络结构,其性能得到了显著提升。这些额外控制门使得 LSTM 能够更有效地决定何时遗忘旧信息、何时添加新信息以及何时输出信息,从而极大地增强了网络在处理和记忆长时间序列信息方面的能力。因此,我们的层次化 Bi-LSTM 架构在捕捉和处理域名时间序列数据中远距离元素间的复杂依赖关系时,展现出了更高的效率和准确性。

假定隐含状态长度为 h,给定时刻 t 的一个样本数为 m、特征向量维度为 n 的批量数据 $X_t \in R^{m \times n}$ 和 $t-1$ 时刻的隐含状态 $H_{t-1} \in R^{m \times h}$。由于 LSTM 作为门控制单元,包括输入门 $I_t \in R^{m \times h}$、遗忘门 $F_t \in R^{m \times h}$ 和输出门 $O_t \in R^{m \times h}$,详细定义如下:

$$I_t = \sigma(X_t \cdot W_{ni} + H_{t-1} \cdot W_{hi} + b_i) \tag{3-1}$$

$$F_t = \sigma(X_t \cdot W_{nf} + H_{t-1} \cdot W_{hf} + b_f) \tag{3-2}$$

$$O_t = \sigma(X_t \cdot W_{no} + H_{t-1} \cdot W_{ho} + b_o) \tag{3-3}$$

其中，W_{ni}、W_{nf}、W_{no} 属于 $R^{n \times h}$，W_{hi}、W_{hf}、W_{ho} 属于 $R^{h \times h}$，b_i、b_f、b_o 属于 $R^{1 \times h}$，且都是整个模型的参数。

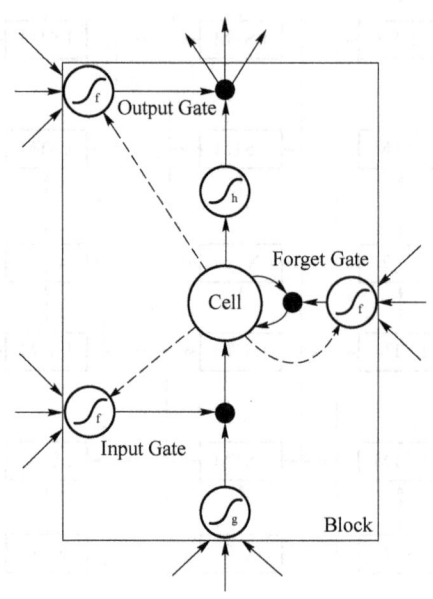

图 3-4 LSTM 结构

在 LSTM 结构中有一个重要的候选细胞 $\tilde{C} \in R^{m \times h}$，其中 $\tilde{C} = \sigma(X_t \cdot W_{xc} + H_{t-1} \cdot W_{hc} + b_c)$。采用三个控制门来对候选细胞 $\tilde{C}$ 做修正，最终得到当前时刻细胞 C_t。C_t 的计算组合了 $t-1$ 时刻候选细胞的信息和 t 时刻候选细胞的信息，并通过遗忘门和输入门来控制信息的流动：

$$C_t = F_t \cdot C_{t-1} + I_t \cdot \tilde{C} \tag{3-4}$$

这种设计可以解决循环神经网络中的梯度衰减问题，可以更好地捕获序列数据中间隔更大的依赖关系。在本单元设计中，从单元到隐含层变量的信息流由输出门控制：

$$H_t = O_t \cdot \sigma(C_t) \tag{3-5}$$

通过将上述的 H_t 按照时间顺序排列，就得到了单向的 LSTM。为了合并来自序列两边的信息，我们使用 Bi-LSTM 网络进行正向和反向操作。每个 Bi-

第3章 基于双向 LSTM 误植域名检测技术

LSTM 单元的更新可以精确地写成：

$$H_t = \vec{h}_t + \overleftarrow{h}_t \tag{3-6}$$

其中，$\vec{h}_t$ 表示的是按照时间顺序正向排列的隐藏层，而 $\overleftarrow{h}_t$ 表示的是按照时间顺序反向排列的隐藏层。将正向排列和反向排列的隐藏层进行连接，最终得到了一个 Bi-LSTM 单元，通过对多个 Bi-LSTM 单元进行层次化堆叠，最终得到了多层的 Bi-LSTM。多层的 Bi-LSTM 不仅能够利用神经网络的深度来对域名特征进行高度抽象，使得抽象出的特征更具代表性，还能够利用域名序列正向和反向的信息更好地表示域名特征。

将高度抽象的特征带入分类器中，通过采用分类模型对恶意域名进行识别，此处采用神经网络对 DGA 域名进行识别，具体计算步骤见算法 3-1。

算法 3-1：Hierarchical Bidirectional Recurrent Neural Networks

输入：$\vec{x}, \vec{y}, \Delta w, \Delta b, \eta$

/* L represents the total number of layers */

/* n_t represents the number of nodes in the layer */

输出：w and b

流程：

1. $\vec{a} = \sin \mod(w \cdot \vec{x})$
2. $\vec{\delta} = \vec{y} \cdot (1-\vec{y}) \cdot (\vec{t} - \vec{y})$ /* 最后一层 */
3. $\vec{\delta}^l = \vec{a}^l \cdot (1-\vec{a}^l) \cdot w^T \cdot \delta^{l+1}$ /* $l=2,\cdots,L-1$，其中 L 为总层数 */
4. **for** $j \leftarrow 1, n_{l+1}$ /* n_{l+1} 表示第 $l+1$ 层节点数 */
5.   **for** $i \leftarrow 1, n_l$ /* n_l 表示第 l 层节点数 */
6. $w_{ji} = w_{ji} + \eta \cdot \delta_j \cdot x_{ji}$
7. $w = w + \eta \cdot \vec{\delta} \cdot \vec{x}^T$
8. $\vec{b} = \vec{b} + \eta \cdot \vec{\delta}$
9. **end**

由算法 3-1 可以看出，这里的 X 实际上是 h，因为将多层双向神经网络结构的输出作为神经网络的输入。由于神经网络可以有多个隐含层，所以 W 表示相邻两

个隐含层之间的权矩阵。第 L 层与第 $L+1$ 层之间的权值矩阵,表示第 L 层包含一定数量的节点。本章使用的激活函数是一个 sigmoid 函数,其值被压缩到 0 到 1 之间。利用算法 3-1,可以快速找到各个参数,从而得到最终的结果。

3.3 双向递归神经网络层次结构的性能

我们选择 Alexa 排名前 10 000 的域名作为正样本,并选择 360 Netlab[20] 中的一些恶意域名作为负样本。其中,360 Netlab 中有多个类别的恶意域名(包括 Conficker、Necurs 和 Bamital)。表 3-1 给出了详细的示例。

表 3-1 域名信息比较

正样本	负样本
Baidu.com	josmxvlp.net
qq.com	utctskeza.biz
Taobao.com	ylowidijfq.info
Tmall.com	nyyybibdi.tv
Sohu.com	spdnktwhkfeheweffyw.xxx
Jd.com	gviiqqwyjdvxck.cc
Weibo.com	hbxxkfbujp.net
360.cn	odajwpyfcl2z.com
Alipay.com	8hiv4tif0pmz.org
Hao123.com	01e381afc9yr.com

3.3.1 模型培训与评价指标

本章主要聚焦于恶意域名与正常域名的预处理流程,其核心环节在于域名数据的嵌入处理。在嵌入过程中,首先对域名数据进行字符分割(如"baidu.com"被划分为 b,a,i,d,u,.,c,o,m)。其次,利用字符嵌入技术为这些分割后的域名序列创建相应的嵌入表示。由于每个域名的字符序列的嵌入依赖于大量的数据,因此训练数据的嵌入只需要对 100 万个普通域名和 100 万个恶意域名进行预处理就可以完成。

将基于嵌入字符域名的字符串序列数据输入到 Bi-RNN 的层次结构中，提取高度抽象的特征。将提取的特征输入神经网络分类模型进行判断，最后得到恶意域名识别模型。为了全面评估该模型，本章从模型的损失分数和预测准确率两个维度进行考量。其中，模型的损失分数反映了整个模型的损失值，随着时间的推移，该值应逐渐减小并趋于收敛。

3.3.2 实验与分析

为了直观展示我们在实验中得到的结果，我们在横轴上绘制了训练时间，在纵轴上绘制了模型的损失值。每个 epoch 包含多个批次，细节如图 3-5 所示。

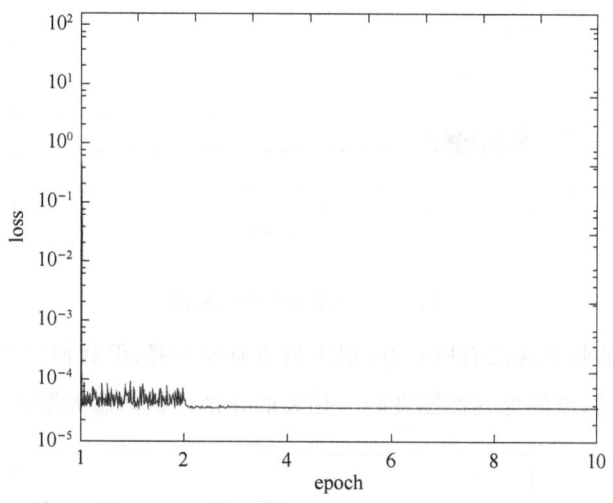

图 3-5 模型损失图

从图 3-5 中可以观察到，随着 epoch 的增加，模型逐渐展现出收敛趋势，特别是在第一个 epoch 时，损失值快速下降。然而，当损失值降至 0.0001 以下后，损失函数发生剧烈的震荡，未曾实现平稳收敛。直至第三个 epoch，模型才开始表现出稳定的收敛态势。

为了得到更稳定的模型损失图，我们深入分析了影响模型收敛速度的关键因素，发现数据训练过程中的 batch size 起到了至关重要的作用。为了找到最佳的 batch size，我们分别对 1,10,20,40,60,80,100 的 batch size 进行了实验。

从图 3-6 中可以观察到，随着 epoch 的增加，不同的 batch size 均能有效推动模型逐步收敛。当 batch size 等于 1 时,模型的损失值虽能够迅速下降,但其收敛过程伴随着明显的震荡。随着 batch size 的增大,模型的收敛速度逐渐加快。然而,当 batch size 大于 60 后,整个模型的收敛速度的增加趋势反而减缓,损失值变大。最终发现,当 batch size 设定为 10 时,模型不仅能够达到最快的收敛速度,而且损失值也达到了最小值。

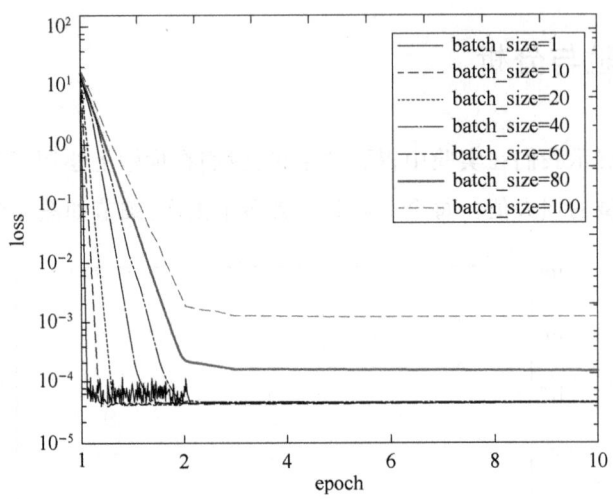

图 3-6　最终的模型损失图

虽然模型的收敛速度有所提升,损失值也有所下降,但我们仍需对模型的准确率进行综合评估,以确保其性能良好。相关的详细评估信息如图 3-7 所示。

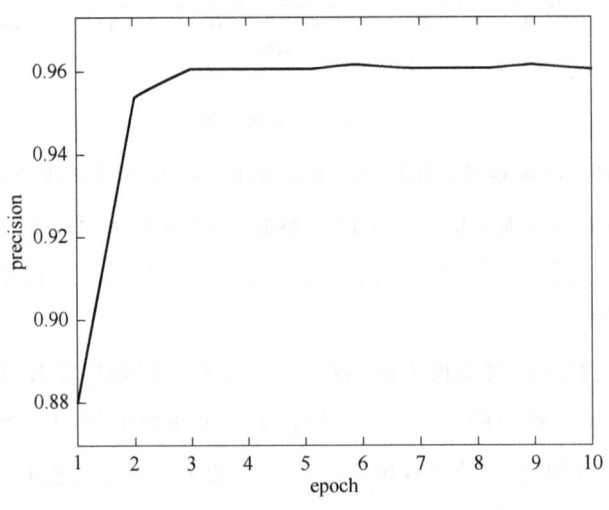

图 3-7　模型准确率

当epoch为1时,模型的准确率约为88%;当epoch增至3时,模型的准确率跃升至96%。此后随着epoch的增大,模型的准确率基本维持稳定,最终稳定在96%左右。

鉴于本章采用层次化的双向循环神经网络进行特征提取,为了确定最佳层数并探究层数对模型准确率的影响,本章对层数 n(取值范围为1至10)对应的模型准确率进行了详尽评估,具体结果如图3-8所示。

从图3-8可以清晰地看出,模型的准确率随着层数的增加而逐步提升。但当层数超过5层后,模型的准确率呈现下降趋势。当层数为3层与4层时,模型的准确率达到峰值,均为96.1%。然而,考虑到当层数为3层时,模型的训练时间和预测时间均短于层数为4层时的情况,因此,最终选择3层作为模型的最佳层数。

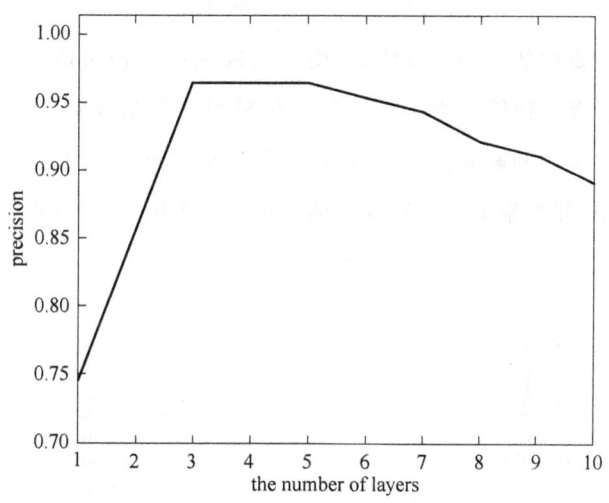

图3-8 层次结构中不同层数的模型准确率

我们进行了全面的对比评估,涵盖了决策树、逻辑回归、神经网络、支持向量机等多种模型,并深入分析了它们的准确率与训练周期(epoch)之间的关系。结果如图3-9所示。

如图3-9所示,本章提出的基于层次化双向递归神经网络(D-HBiRNN)的模型在识别中展现出了极高的准确率,其最终准确率稳定在96%,显著超越了决策树、逻辑回归、神经网络、支持向量机等模型在恶意域名识别任务中的表现。

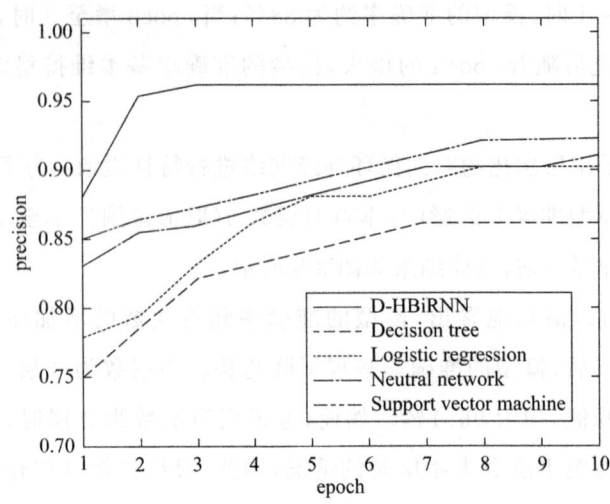

图 3-9 模型准确率对比

上述实验主要评估了 D-HBiRNN 模型的准确率和损失值,然而,并未对模型的收敛速度进行直接检验。为了进一步优化模型的训练效率,我们深入探究了学习率对模型收敛速度的影响。具体而言,实验选取了 0.2,0.1,0.05,0.025,0.001 作为候选学习率,并观察了它们对模型训练过程的影响,结果如图 3-10 所示。

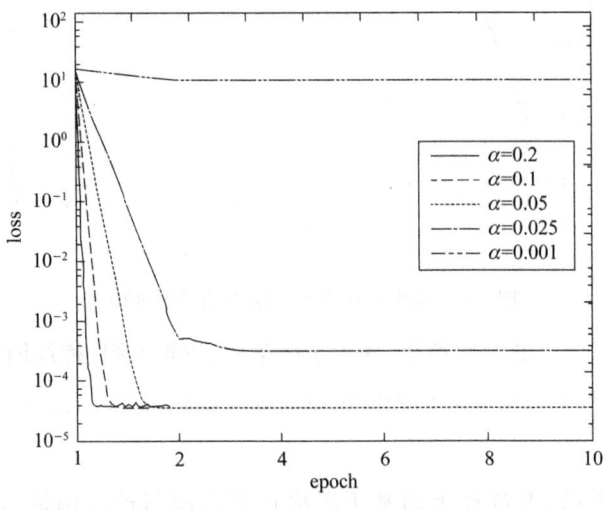

图 3-10 模型学习率对损失值的影响

由图 3-10 可以发现,随着学习率的增大,模型的收敛速度显著提高。然而,当学习率为 0.001 时,模型的损失值无法有效降低,且无收敛趋势;当学习率增至

0.025时，尽管模型的损失值有所下降，但仍未进入理想的收敛范围；而当学习率设定为 0.2 时，模型不仅收敛迅速，且损失值降至最低。这一发现为我们后续优化模型训练策略提供了重要依据。

本 章 小 结

本章介绍了一种基于深度神经网络的恶意域名检测技术，旨在精准捕捉恶意域名的特征信息。为提升恶意域名的识别精度，创新性地提出了一种基于双向递归神经网络的鉴别算法（D-HBiRNN）。该算法使用双向递归神经网络对域名数据进行建模，通过层次结构中每一层的 Bi-RNN 单元，深入提取域名的语义特征，实现对域名更为精确的描述。实验结果表明，相较于基于特征工程的传统算法（如决策树、逻辑回归、神经网络及支持向量机），D-HBiRNN 算法在精度上展现出显著优势。

为进一步优化双 RNN 分层模型，我们分别对模型的损失值和预测精度进行了评估。结果显示，在批量大小为 10 的条件下，模型能够以最快速度收敛至最优状态，且损失值达到最低。当该模型 epoch 为 3 且层数设为 3 时，准确率超过 96%，且增长速度适中。此外，对模型学习率影响的分析揭示，随着学习率的提升，收敛速度也随之提高。特别地，当学习率为 0.2 时，模型展现出最快的收敛速度与最低的损失值。未来，我们计划将 D-HBiRNN 模型与其他预处理工具相结合，开展模型的异常检测研究。同时，我们将全面评估 D-HBiRNN 在检测质量方面的表现，以期不断提升其在恶意域名检测领域的效能。

第 4 章
基于 URL 嵌入的恶意域名检测技术

4.1 引　言

传统的恶意网站检测主要依赖于人工设定的规则,这些规则的制定往往基于经验,如规则阈值的设定。过度依赖主观判断可能导致系统对恶意信息的判断缺乏客观性。更严重的是,随着数据量的激增,若未及时更新阈值设定,系统将难以识别越来越多的恶意信息。为了减少人工因素对系统的干扰,我们引入了机器学习和数据挖掘技术来检测恶意网站。以计算机蠕虫的检测为例,我们运用机器学习算法(包括决策树、朴素贝叶斯分类和人工神经网络)来分析受感染的计算机及网络间的通信特征,进而识别和检测恶意行为。通过机器学习,我们对复杂多变的数据进行了深入分析,从而在智能数据分析领域取得了实质性的进展。在运用机器学习算法识别恶意网站时,特征工程尤为重要,它有助于模型准确地选取合适的特征。

Bengio 等[26]提出通过学习单词的分布式表示来对抗维度灾难,允许每个训练的句子与其相邻句子的指数数量告知模型。Kolter 等[27]指出,机器学习及其相关技术已被广泛应用于流量检测。

Christodorescu 等[128]提出了一种利用深度学习改进恶意软件变异检测的新方法。他们将恶意代码转换为灰度图像,利用卷积神经网络(CNN)对代码进行识别和分类,提取恶意图像的特征。此外,他们提出了一种 bat 算法来解决不同恶意软件族之间的数据不平衡问题。这不仅提高了检测速度,还提升了模型的效率。

在工业信息环境中,我们面临着严重的信用问题,因为恶意用户可以否认网络合约并破坏安全性[129-131]。随着智能网络设备数量的激增,网络中恶意域名的数量也在增长。循环神经网络(RNN)是提供序列学习的强力工具,并且对失真和噪声具有鲁棒性[132]。此外,RNN能够充分利用长期上下文信息进行学习。因此,RNN似乎具有解决我们所面临挑战的潜力。Graves等[133]提供了一种用于分类和记录顺序数据的综合框架。然而,传统的RNN存在一些缺点,即它仅考虑正向传播,而不考虑反向传播。

随着移动互联网的发展和大数据技术的繁荣,信息提取变得越来越重要,同时也对从恶意行为中挖掘攻击模式提出了更高的要求[134]。为了从大规模流量数据中提取有效信息用于恶意行为检测,Duffield等[135]利用机器学习方法分析流量和数据包之间的联系,将来自数据包级别的警报信息与从相同流量源提取的特征向量相关联。Duffield构建了一个旨在检测和识别恶意流量的框架,并提供了概念验证的步骤。同时,从实际数据包追踪的视角出发,对潜在的机器学习方法的准确率进行了评估和预测。对于机器学习算法而言,预测的有效期限是一个挑战,尤其对于资源密集型的web应用程序。初步的实验结果显示,在一至两周的时间范围内,性能的下降十分微小。

特征工程是一种将原始数据转化成特征的有效方法,能够更加高效地描述数据,利用这些特征建立的模型可以在未知数据上进行优化。特征工程对于机器学习来说十分重要。特征越多,对数据集的描述越准确。然而,引入额外信息可能会显著增加模型的计算开销,并导致模型更加复杂。这将显著延长计算时间,并引发"维度灾难"。为了获取更好的特征,必须在研究数据集上投入大量的精力。然而,这可能会降低模型的泛化能力。我们的目标是识别那些被设计成字符序列的恶意域名,这些字符序列本质上与时间序列相似。因此,采用基于时间序列的深度神经网络模型,能有效地提高对恶意域名特征的提取效率,从而增强检测性能。

特征选择作为机器学习的预处理步骤,可以有效地降低维数,去除不相关的数据,提高学习精度,提高结果的可理解性。然而,数据维数的增加对许多现有的关于效率和有效性的特征选择方法提出了严峻的挑战[136-138]。最近,研究人员提出了一种新的概念,称为优势相关,并提出了一种快速筛选的方法来识别相关特征和相关特征之间的冗余,且不需要进行两两相关分析。经过与多种方法的广泛比较,我们证实了该方法的有效性。此外,恶意网站可能具有一些共同的特征,我们能够挖掘这些域之间的显著相关性。鉴于这方面的研究相对较少,我们提出了一种深度神经网络来应对这一挑战。

在本章中,我们提出了一种称为 URL 嵌入(URL embedding,UE)的新算法来研究不同域名之间的相关性,同时 URL 之间的系数可由我们的系统计算出来。UE 算法的核心要求在于选择恰当的分布式表示来处理 URL。在这一背景下,我们坚信分布式表示的有效性,因为传统的特征工程方法(如 One-hot 编码)往往会导致维度灾难,同时域名向量的性质是离散且稀疏的。本章将研究重点放在域名的分布式表示上,并通过神经网络技术成功提取出低维度向量。

对于 UE 算法,我们需要建立并存储 URL 与其相对应的分布式表示之间的映射。这种方法的一个显著缺点在于其空间复杂度较高,因为需要在内存中存储大量的多维向量,导致占用大量空间。我们对域名表示的适宜维度进行了研究,并最终确定了一个特定的维度。在本章的研究中,我们提出了一种观点,即将恶意网站视为词汇,并利用域名系统(DNS)查询来训练恶意网站的分布式表示。

本章中提出的新颖的无监督学习算法比现有网络安全保障方法更加有效。因此,我们从理论上分析了 UE 算法的性能,并进一步优化。本章的主要贡献如下:

(1)我们主要聚焦于恶意网站数量激增带来的网络空间安全问题。针对海量的恶意域名隐蔽性和动态多变的特性,提出了一种基于域名嵌入的无监督学习算法来取代特征工程的方法,通过无监督学习算法来克服特征的主观性问题,有效提升对恶意域名特征的提取效果,进而提升检测的性能。

(2)我们从理论上分析了算法的性能,通过基于时间序列的深度神经网络的模型提升对于恶意域名特征的提取效果,建立并存储 URL 和其相对应的分布式表示之间的映射,并探究了 URL 嵌入模型的一些关键参数,解决了由于特征工程带来的人为主观因素的干扰以及维度灾难问题,有效提高了恶意域名识别的性能,优化结果表明,我们提出的算法相比于特征工程分类器可以实现更加优越的表现。

(3) 我们解决了特征工程分类器中人工因素的干扰问题,使得网络设备对于用户更加可信。基于以上,我们研究了如何提升所提出方法的稳定性,并通过实验验证其有效性。

本章中其余部分的组织结构安排如下:第 4.2 节介绍了 URL 分布式表示的详细信息,并提出了 URL 嵌入模型的新概念;第 4.3 节对模型的实验结果进行了分析,得出了一些有益的结论。

4.2 URL 嵌入的分布式表示

特征的字段表示通常是使用特征工程的方法来实现,研究人员的目标是为特定任务设计更好的特征。广泛使用的特征表示是独热表示(one-hot representation)和分布式表示(distributed representation)。然而,独热表示不考虑词的顺序性和相关性,不包含任何语义信息,也不考虑维度灾难。域名向量不能描述词汇之间的相似度,将导致模型的泛化能力较差。为了生成 URL 的低维度向量,我们利用神经网络去训练域名嵌入模型。与反向传播神经网络不同,我们在域名嵌入模型中没有采用隐藏层,而是采用 Huffman 编码对 URL 进行编码。与传统的神经网络进行对比,URL 嵌入模型的训练时间更短。

4.2.1 URL 嵌入的架构

URL 嵌入模型中总共包含三层:输入层、投影层、输出层。输入层仅包含域名向量 $v(w)$。我们的目标是实现对目标 URL 的分布式表示。投影层是连接了输入层和输出层的转换层。核心层是输出层,因为我们引用了 Huffman 编码方法对域名进行了编码。图 4-1 展示了 URL 嵌入模型的整体架构。

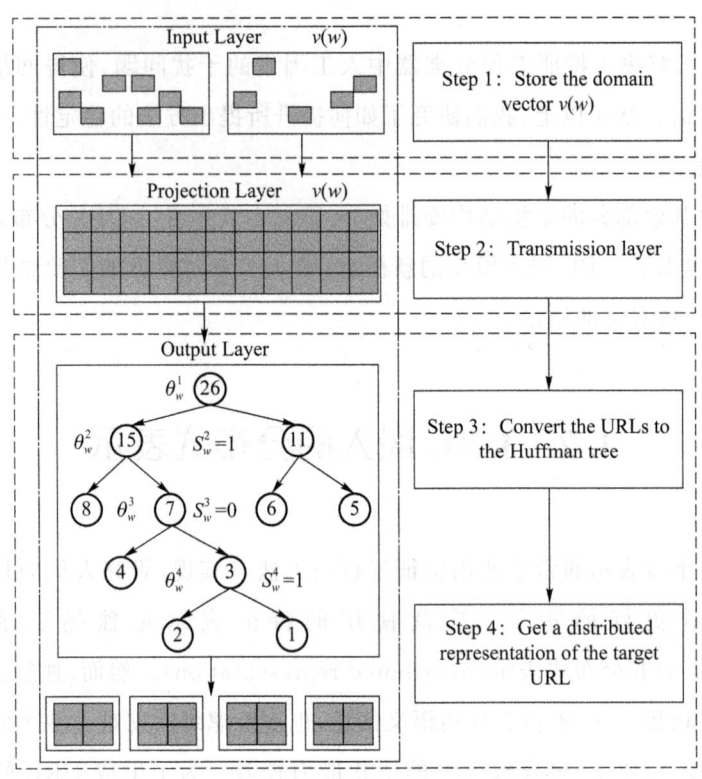

图 4-1　URL 嵌入模型的整体架构

4.2.2　URL 嵌入的算法

　　Huffman 编码是一种很好的编码算法,能够利用字符频率压缩字符编码长度,并使字符编码长度变短。在互联网上有很多 URL,我们基于域名的出现频率,将这些 URL 转换成 Huffman 树的叶子节点,建立一个 URL 词典 D,包含域名和域名嵌入模型生成的域名向量之间的映射。

　　一旦构建映射的过程结束,堆便构建完成。它作为一种工具,遵循从大到小排序权重的规则,用于存储叶节点和非叶子节点。在算法 4-1 中,我们详细展示了这一过程的结构。

　　在算法 4-1 中,算法输入是存储域名和域名频率之间映射的数据结构。我们将词汇生成的结果转换成许多条目,并将它们推送到堆中。程序每次选择两个权重最小的节点进行合并,并将它们组合成一个新的节点,并将其压入堆中。整个过程将循环至堆中只有一个元素时停止,该元素便是 Huffman 树的根。

算法 4-1:build Huffman Tree 算法

输入:domains, counts, len

输出:tree_root

1. heap = initialize_heap()
2. **for** $i=1$ to len **do**
3.   Heap.insert(entry(domains[i], counts[i]))
4. **end for**
5. **while** (heap.size() > 1)
6.   left_child = heap.pop()
7.   right_child = heap.pop()
8.   new_node = entry("^", left_child.counts + right_child.counts)
9.   new_node.left_child = left_child
10.   new_node.right_child = right_child
11.   heap.push(new_node)
12. **end while**
13. tree_root = heap.pop()

从根节点到叶节点有多条路径,我们需要得到离散域名的 Huffman 编码。在算法 4-2 中,我们描述了具体的步骤。

算法 4-2:generate Huffman Code 算法

输入:tree_root, pos, level

输出:tree_root

1. **if** (tree_root == null)
2.   **return**;
3. **end if**
4. **if** (tree_root.left_child != null)
5.   pos[level] = 1
6.   generateHuffmanCode(tree_root.left_child, pos, level+1)

7.   **end if**
8.   **if** (tree_root.right_child! = null)
9.   pos[level] = 0
10.   generateHuffmanCode(tree_root.right_child, pos, level+1)
11. **end if**
12. **if** (tree_root.left_child==null && tree_root.right_child==null)
13.   seq = " "
14.   **for** $i=1,\cdots,\text{level}$
15.   seq += pos[i-1]
16.   **end for**
17.   tree_root.codes = seq
18. **end if**

算法 4-3 解决了基于 Huffman 编码获得域名的分布式表示的问题。$P(\text{context}(w)|w)$ 用于计算目标可疑 URL 相关性分数。因此，我们需要最大化 $P(\text{context}(w)|w)$ 的概率。$\text{context}(w)$ 是与目标域名 W 相似的域名。在算法 4-3 中，我们总结了更新规则。

算法 4-3：URL embedding 算法

输入：$\text{context}(w)$

输出：$v(w)$

1. $e=0$
2.   **for** $u \in \text{context}(w)$
3.   **for** $j=1,\cdots,l^u$
4. $s = \text{sigmoid}(v(w)^T \theta_{j-1}^u)$
5. $\text{grad} = \partial (1-s_j^u - s)$
6. $e = e + \text{grad} * \theta_{j-1}^u$
7. $\theta_{j-1}^u = \theta_{j-1}^u + \text{grad} * v(w)$
8.   **end for**
9.   **end for**
10. $v(w) = v(w) + e$

输入层对应当前 URL 周围的 URL 嵌入信息,投影层对输入层的嵌入信息进行总和池化,并将其输入到输出层的 Huffman 树中,然后利用 Huffman 树从根到叶节点的路径进行多重二分,最终得到叶节点当前的 URL 嵌入信息。

为了得到 URL 的 embedding,需要针对 URL 的访问序列运行当前的算法,该算法主要是针对传统神经网络语言模型中输出层的 softmax 做了优化。因为 URL 很稀疏,整体的规模很大,造成从隐藏层到输出层的计算量非常大,需要计算所有 URL 的 softmax 概率,再去找概率的最大值。为了避免计算所有词的 softmax 概率,本章采用 Huffman 树来代替隐藏层到输出 softmax 层的映射。由于我们把之前所有都要计算的从输出 softmax 层的概率计算变成了一棵二叉 Huffman 树,那么我们的 softmax 概率计算只需要沿着树形结构进行即可,而二叉 Huffman 树左右节点可以当作二分类来做,因此计算 URL 的 embedding 就相当于从根开始一直走到对应的叶子结点,整个路径可以看成进行了多次的二分类,最终可以通过最大化从根到叶子结点路径上的概率乘积得到 URL 的 embedding 信息。

4.3 性能评估

在本节中,我们对比了 URL 嵌入模型和传统的特征工程,利用不同的特征构建方法识别了恶意网站,并且从现实的网络上采集了恶意的 DNS 流量数据用于实验。为了加速数据的处理过程,我们需要在 Spark 的帮助下对数据进行并行处理。MapReduce 及其变体在商业集群上实现大规模数据密集型应用程序取得了很大的成功。然而,这些系统大部分都是围绕一个非循环数据流模型构建的,多数不适合其他流行的应用程序。

4.3.1 数据集

用于训练和测试模型的数据均来自 360 Netlab 和 Alexa 开源数据集。我们选择 Alex 排名前 10 000 的域名作为正样本,并从 360 Netlab 中选择部分异常域名作为负样本(表 4-1)。特征工程和 URL 嵌入模型能够帮助我们将 URL 转化成特征向量,同时,我们可以评估特征工程和 URL 嵌入模型的性能表现。

表 4-1 正、负样本

正样本	负样本
Google.com	1yb3mkw1vipc2qt1mv4qr3xcqf.org
Baidu.com	1qoqlc84ov1ax11dyg3h1y5y2xt.com
Sina.com	1f3yeryza1ulk1vuyrdw1nek6dd.com
qq.com	egkcoc1oay5hij4j78qgo8fbk.net
Sohu.com	1wakafb1qxf5jpl3mhp510bghi2.com
Youtube.com	1cj5mni164n5xqx2hvjiuyzpvf.com
Facebook.com	1rlyqqjmg96163qi2bcn6hzkx.org
Yahoo.com	1nj3ubrxjm9p317bdrm3dcul8x.org
Amazon.com	14t5kg6184p31fpjzi8yss8dfq.org
Taobao.com	9vw9k51jl2kgdk5y69k1bj6121.org

在实验中,对恶意网站识别的主要方法是二分法,需要正样本和负样本。Alexa 开源数据集中所有的数据都是正常的 URL 信息,我们选择了频率最高的 10 000 条数据作为正样本。360 Netlab 每天均会使用他们的识别方法在网络上挖掘大量的恶意信息,我们将这些 URL 作为我们实验中的负样本。用这个办法,训练好的分类器可以更好地识别恶意信息。

4.3.2 实验与分析

在机器学习方法的特征选择过程中,我们选择了 URL 的词汇特征,因为这些特征更容易分析,并且这些特征广泛地应用于各类恶意网站域名。词汇特征列举如下。

(1) 长度(l)。相比于 DGA 生成的 URL，正常的 URL 通常具有更短的长度，因为其保证了风格的简单。

(2) 元音(v)及其百分比($v\%$)。元音使得 URL 对于用户来说更加易读，因此需要进行考虑。

(3) 数字(d)及其百分比($d\%$)。当一个 URL 拥有很多数字时，意味着它是自动生成的。因为当 URL 中包含数字时，它的可理解性会变差，特别是当它们没有规则时。

(4) 正常后缀测试和异常后缀测试。无论是正常的还是恶意的 URL 都必须包含后缀，因为普通的网站 URL 会包含我们熟悉的后缀，如".com，.org，.net，.co"等。所有正常和恶意域名的后缀信息均会被提取为特征，用于传统的机器学习算法检测。来自恶意域名的后缀被标记为"1"，而来自正常域名的后缀被标记为"0"。

为了更好地证明我们模型的优越性，我们使用支持向量机(SVM)、决策树(DT)、逻辑回归(LR)、朴素贝叶斯(NB)和卷积神经网络(CNN)来识别恶意网站，并基于 URL 嵌入模型和特征工程方法对它们分别进行了评估。我们利用准确率、召回率和 F1 分数作为评估指标。在海量流量信息中识别恶意信息需要机器学习系统具有鲁棒的机器学习能力和高度自动化的机器学习系统。特征提取分别以特征工程和 URL 嵌入的方式进行，随后这些特征被输入进分类器，去评估整体预测结果的准确率和召回率。召回率表示算法预测的正样本数与所有正样本数之比。F1 分数代表准确率和召回率的调和平均值。

从图 4-2 中可以看出，URL 嵌入模型的准确率要比特征工程分类器的准确率要高出 9%～10%。从图 4-3 可以看出，UE 模型的召回率比特征工程分类器高 5%～6%。从图 4-4 可以看出，UE 模型的 F1 分数比特征工程分类器高 7%～8%。

考虑上述评估标准，相较于特征工程分类器，URL 嵌入分类器能够在恶意信息检测领域显著地提升性能。上述实验主要评估了准确率、召回率和 F1 分数。

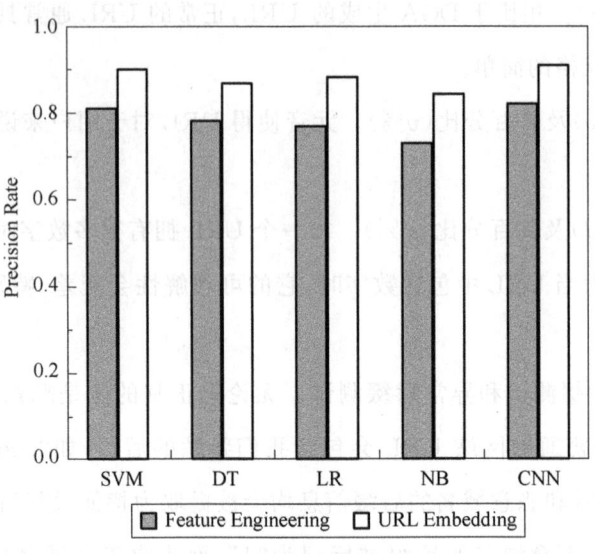

图 4-2　不同分类算法准确率对比

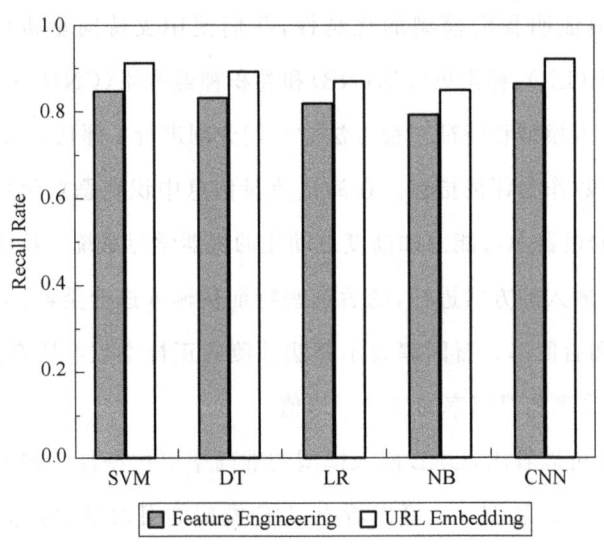

图 4-3　不同分类算法召回率对比

对于 UE 模型，我们需要存储域和域的分布式表示之间的映射。一个明显的缺点是空间的复杂性，需要大量的空间来存储域嵌入模型，因为我们需要在内存中保留许多 N 维向量。为了寻找合适的 N 值，我们进行了一些实验，实验结果如图 4-5、图 4-6、图 4-7 所示。

|第4章| 基于URL嵌入的恶意域名检测技术

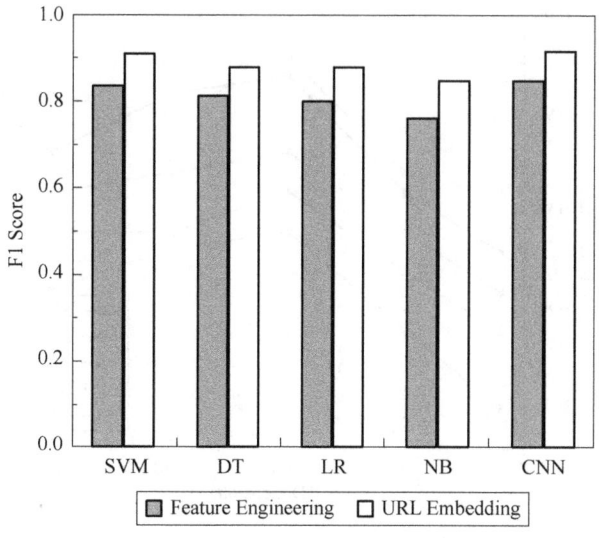

图 4-4　不同分类算法 F1 分数对比

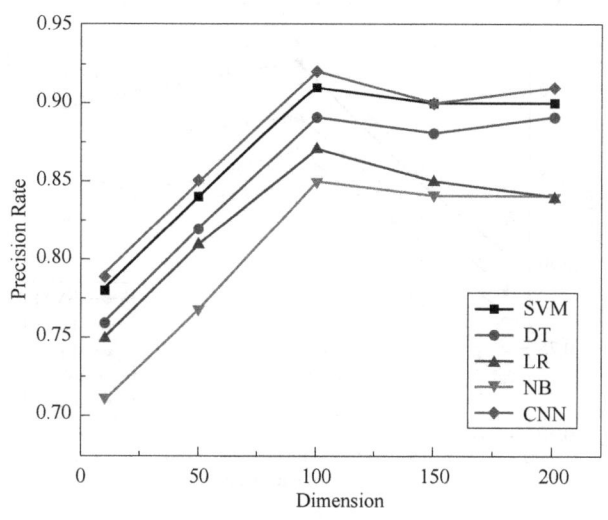

图 4-5　不同维度下的准确率对比

为了确定最佳维度 N，我们分析了维度为 10,50,100,150 和 200 的实验数据。当 N 设为 10 时，以支持向量机（SVM）为例，我们的模型准确率达到 78%。随着 N 的提升至 100，模型的准确率进一步提高至 91%。其他算法也呈现出类似的性能提升趋势。基于准确率、召回率和 F1 分数的综合考量，我们最终选定 $N=100$ 作

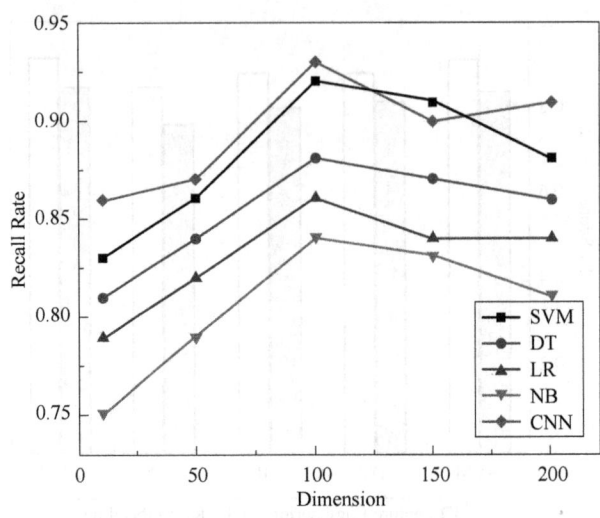

图 4-6　不同维度下的召回率对比

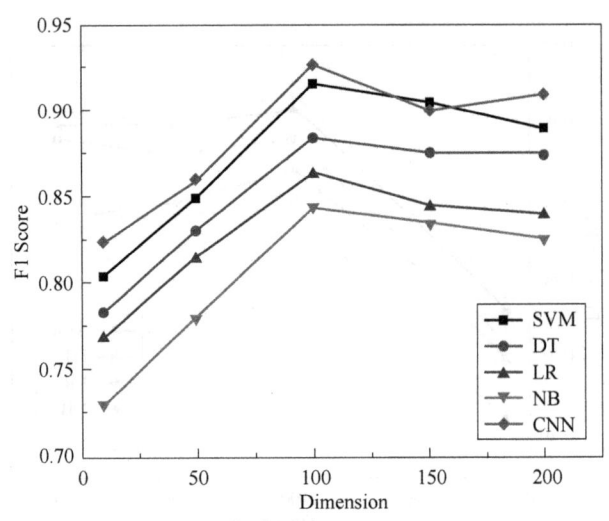

图 4-7　不同维度下的 F1 分数对比

为最优参数。具体的数据结果如图 4-5、图 4-6 和图 4-7 所示。此外，我们利用当前 URL 的上下文信息来提取相应的 URL 嵌入特征。

URL 的上下文信息主要涉及访问该 URL 的用户所浏览的网站的时间序列数据。鉴于上下文信息是基于 URL 的序列数据，为了确定最恰当的上下文，我们必须分析当前 URL 的上下文信息，并确定一个合适的上下文窗口 W。这里的窗口表示向左或者向右的最远的 URL 距离。在实际采用时,如果窗口是 5,那么它就相当于在当前 URL 左边和右边的各 5 个 URL 进行建模,然后完成 SUM Pooling 操作即可。通过实验我们发现 W 最大为 5,而在 5 之后,实验结果趋于一致。

我们从以下几个方面对 UE 算法进行了评估。评估结果表明,UE 算法能够有效地获得全局优化结果。同时,我们成功地解决了从数百个工业设备产生的大量数据中挖掘恶意 URL 的问题。为了找到合适的上下文窗口,我们考虑用不同窗口表示 URL 的序列信息数量的实验结果,并使用 0 到 5 之间的值进行计算。当 $W=0$ 时,再次以 SVM 为例,我们的模型准确率为 80.42%。随着窗口增大到 3,模型准确率相应增大到 91%。其他算法也遵循同样的趋势。我们选择 $W=3$ 作为最终结果,因为此时准确率、召回率和 F1 分数都优于其他参数。具体结果如图 4-8、图 4-9、图 4-10 所示。

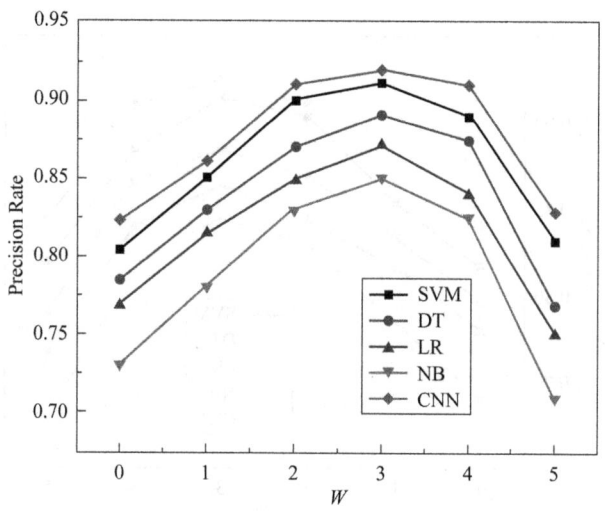

图 4-8　不同窗口下的准确率对比

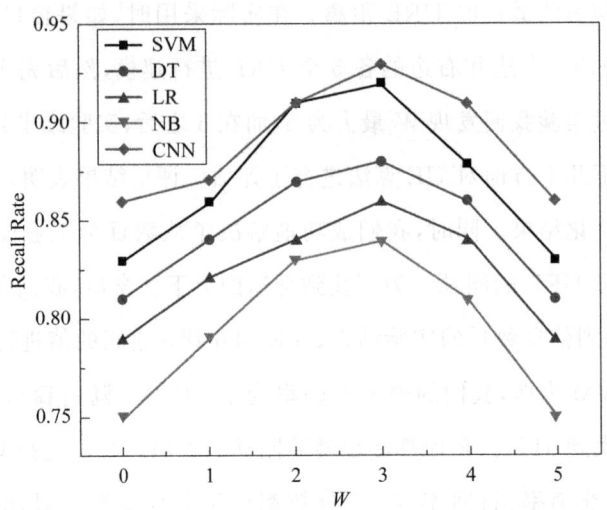

图 4-9　不同窗口下的召回率对比

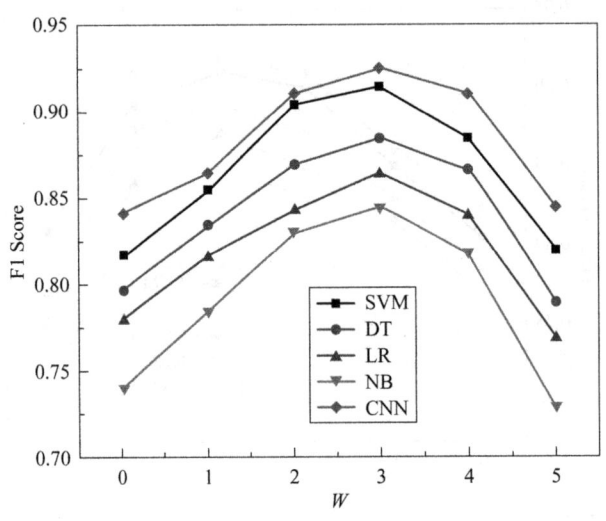

图 4-10　不同窗口下的 F1 分数对比

在特征工程中,一般流程是通过对数据进行分析得到相应的特征,然后将这些特征代入相关模型中进行分类或回归。人工特征分析有三个缺点:①人力成本高,需要对业务有深入的了解,进入门槛高;②许多特征是根据人的主观意愿而不是客观选择的;③通过枚举特征,我们可以获得相关的语义特征。本方案建议利用 URL 访问序列构建输入序列,进而对序列信息进行语义理解,并实现当前 URL 的嵌入。在这一整个生产过程中,无需人工干预,显著提升了效率。通过特征工程来做机器学习的分类算法,其核心是需要做特征挖掘,采用的特征越多,对后面模型的分类就越有益,并决定了整体分类的上限。这里的词汇特征是一种挖掘手段,此种类型的特征越多,越有利于提高后面整体分类器的性能。

本章小结

在本章中,我们介绍了一种新的无监督学习算法,称为 URL 嵌入模型,用于解决特征工程中的主观性问题。相较于传统的特征工程分类器,UE 模型能够显著地提升恶意信息监测的性能。相较于传统特征工程方法(如 DT、LR、CNN、SVM 算法),UE 模型的准确率和召回率均表现得更加优秀。为了获得一个更加优秀的 UE 模型,我们分别评估了在向量维度不同和上下文窗口大小不同的情况下的算法性能表现。我们最终设定 $N=100$ 作为最终的维数,$W=3$ 作为最终的上下文信息窗口大小。

在未来的日子里,我们将采纳一系列采样策略来训练域名的分布式表示,旨在实现更快的收敛速度。此外,我们将系统地评估这些采样方法对 UE 算法的影响,以期系统能够达到更优的检测质量。同时,我们还需构建一个真正的系统,用于实现设备级、类级或用户级的安全性协同学习(如用户以不可预测的方式共享数据)。

第5章
基于协同深度学习的隐私安全防护技术

5.1 引言

神经网络的概念可以追溯到1943年,其基本原理的开发旨在模仿人脑学习并解释图像、语音及文本等数据类型[139]。Hinton等[140]提出了深度学习框架,并在特征学习和深度学习领域取得突破,从而引发了学术界与工业界在深度学习方面的一场革命性创新浪潮。深度学习已被广泛应用于复杂的图像、语音及文本数据[141-144]。Dwork等[145]提出了差分隐私(differential privacy,DP)技术,旨在解决存储在不可信第三方平台的私有数据可能面临的泄漏风险。DP技术能够提供严格且可证明的隐私保护。它通过在数据收集阶段利用本地模型直接处理用户数据,确保数据隐私得到保护。数据收集器根据嘈杂的数据进行统计学习,而原始的实际数据则在本地设备上得到了完全保护。目前,DP技术已应用于实际产品中,如iPhone中的输入法和搜索功能。

当前,深度学习因其在图像分类和生物学应用中的高效性和高精度,在医学领域得到了广泛应用。利用卷积神经网络(CNN),我们可以有效地检测出心血管、脊柱转移以及皮肤癌等疾病。Urban等[146]介绍了一种用于血管化微组织生长的新的微生理系统,该系统可以通过机器学习快速准确地标记化合物并预测药物相关特性,包括结合亲和力、毒性和溶解度。

第 5 章 基于协同深度学习的隐私安全防护技术

近年来,人工智能在金融、医疗、通信、教育、交通和能源等各个领域的日益普及,使人们意识到了人工智能的巨大潜力[147-155]。人工智能的核心在于运用机器学习技术和大数据技术,通过对庞大的数据集进行抽象和建模,以辅助决策过程。深度学习是机器学习研究的新领域,深度学习的目标是开发一个模拟人脑的神经网络系统,该系统可用于有效解释数据,解决复杂问题和解决风险[156-159]。

但是,深度学习会导致严重的隐私泄露问题,尤其是在医疗领域,第三方公司可能会蓄意存储相关的医疗隐私数据,如照片和文字[160]。由于经过训练的深度学习模型内嵌了其训练集的基本信息,因此从模型中提取敏感信息变得相对容易。算法或数据的更改很容易导致隐私被侵犯,因此,必须为用户提供适当的保护,防止数据接收者通过共享的数据信息推断出用户希望保密的内容[161-164]。Facebook用户已能够通过设定信息的敏感度来实现个性化的隐私设置。遗憾的是,2010年,Facebook向第三方泄露了有关其用户的个人信息,导致了一场严重的个人数据泄露事件。

信息泄露造成的损害是由于个人信息暴露给攻击者而造成的。犯罪分子正在获取和使用越来越多的个人信息,从事电信欺诈、绑架和勒索等犯罪活动。他们通过非法途径从公司窃取关键信息,对社会乃至国家安全构成威胁[164-167]。采用差异化的本地训练策略,虽能在一定程度上防止服务提供商泄露或滥用用户个人信息,但在训练过程中仍可能泄露部分参数,带来一定风险。个人医疗信息的披露,特别是与癌症和遗传学有关信息的披露,可能会对社会造成不良影响,因此,在训练过程中保护用户私人信息不被泄露至关重要。

协同深度学习网络系统面临的各类攻击均潜藏着巨大的信息泄漏风险,这种攻击可能会伤害受害者,甚至可能导致严重的经济损失。分散式深度学习需要对数据进行几次训练,用户可以在每个时期更新参数。如果重要信息泄露或被盗,犯罪分子可能会将其用作进一步侵犯受害者隐私的工具。这不仅会给受害者造成严重伤害,还不利于社会的稳定与和谐。为了开发一种更有效、适应性强、更准确的信息保护方法,本章着重探讨了如何在生成对抗网络(GAN)模型攻击下加强信息保护。此外,我们期望能为未来的相关研究做出积极贡献。本章研究的信息保护方法比现有方法更有效。本章的贡献如下。

(1) 本章主要研究基于协同深度学习(collaborative deep learning，CDL)的信息安全问题。在 CDL 框架下，攻击者有能力威胁参数服务器，从而导致其他用户的训练进程受阻。

(2) 基于 GAN 模型对攻击的风险和隐患进行了分析研究。

(3) 本章研究了攻击者攻击参数服务器，以及使用 GAN 模型存在的缺陷。

(4) 我们提出了一种旨在抵御 GAN 模型攻击并保障 CDL 训练信息安全的算法。在此基础上，我们研究了如何提高所提方法的稳定性并通过实验验证其有效性。

本章中其余部分的组织如下：第 5.2 节主要描述 CDL 的攻击模型；第 5.3 节讨论了该攻击模型下与两种攻击方法相关的风险和弱点；第 5.4 节提出了一种使用保护算法保护 CDL 的方法；第 5.5 节介绍了相关实验并分析了结果。

5.2 攻击模型

在本章中，针对几个最先进的模型，如协同深度学习(CDL)[30]和深度卷积 GAN (DCGAN)[168]，我们研究了基于 GAN 模型攻击的可行性，我们还深入探讨了在使用 GAN 学习过程相关的信息泄露。一般采用协同训练模型或局部判别模型来对抗 CNN 体系结构。

5.2.1 协同深度学习

集中式深度学习方法非常有效，但不能保护隐私，因为操作员可以直接访问并获得敏感信息，而协同深度学习在效用与隐私间取得了平衡。据我们所知，到目前为止，针对 CDL 在多参与者环境下的应用问题尚未得到完全解决。在文献[160]中的分布式随机梯度下降(SGD)方法，通过在训练过程中对模型参数的选择性共享，有助于创建依赖于各自数据的学习神经网络模型，同时避免泄露敏感信息。

分散式深度学习方法在隐私保护方面被认为更加有效,因为它避免了数据集的直接公开。此外,实验证明,即使仅共享很小比例的模型参数,或者通过差分隐私技术对参数进行截断或混淆,该方法仍然能够收敛。但是,分散式深度学习需要对数据进行几次传入训练,其中用户每个时期都会更新相关参数。

1) 深度学习

深度学习通过从高维数据中提取复杂特征,将复杂特征转换为非线性特征和函数,从而构建与输入和输出(如类)关联的模型。通过深度学习对复杂的生物医学数据进行分析非常成功,如在癌症[169-171]和遗传学[172]的相关数据中。然而,用于训练这些模型的数据往往包含敏感的个人健康信息。因此,从隐私保护的角度出发,研究深度学习中的隐私泄露问题显得尤为重要。深度学习架构和算法[173]已用于语音技术[174]、图像识别和人脸识别,并且已被证明优于传统方法。

深度学习最常见的形式是多层神经网络系统。图 5-1 显示了具有两个隐藏层的神经网络。在这种典型的神经网络系统中,每个节点都模拟一个神经元。每个神经元不仅接收来自前一层神经元的输出,还接收一个来自特定传输神经元的偏置信号。神经元的输入是这些信号的加权平均值,该值被称为总输入。此外,我们将非线性激活函数应用于总输入值以计算神经元的输出。在 k 层,作为神经元的输出向量为 $a_k = f(W_k, a_k - 1)$,其中 f 是激活函数,W_k 是确定每个输入信号贡献的权重矩阵。激活函数的示例主要表示为双曲 Tanh 函数 $f(z) = (e^{2z} - 1)(e^{2z} + 1)^{-1}$,Sigmoid 函数 $f(z) = (1 + e^{-z})^{-1}$,ReLu 函数 $f(z) = \max(0, z)$,和 softplus 函数 $f(z) = \log(1 + e^z)$。如果使用神经网络系统将输入数据分类为有限数量的类(每个类由不同的输出神经元表示),则最终结果为:最后一层中的激活函数通常是 softmax 函数 $f(z_j) = e_j^z (e_k^z)^{-1}$,$\forall j$。此外,在最后一层中每个神经元 j 的输出是属于类 j 的输入的相对得分或概率。

2) 随机梯度下降

批梯度下降算法,即参数的梯度,是通过计算所有可用数据来更新参数的。然而,这种算法的效率相对较低,尤其是在数据集庞大的情况下。相比之下,随机梯度下降(SGD)算法是批处理梯度下降算法的极大简化,可用于计算整个数据集的极小子集的梯度。SGD算法在极其简单的情况下可以对应最大随机性,并且可以在每个优化步骤中随机选择数据样本。

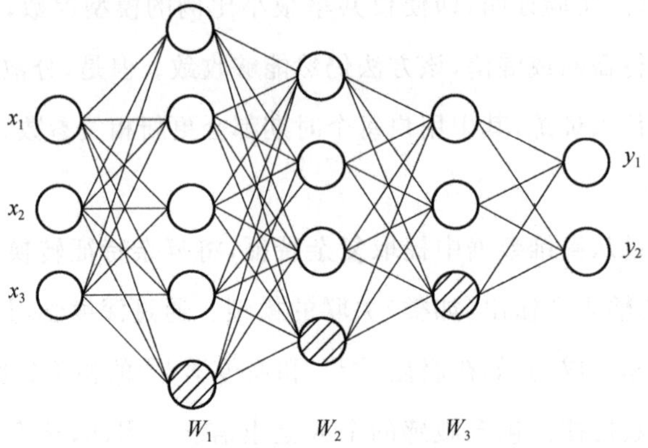

图 5-1　神经网络

假设 w 是由 W_k，$\forall k$ 组成的神经网络系统中所有参数的平坦向量。假设 E 是一个误差函数，即目标函数的实际值与网络计算的输出之间的差。E 可以基于 L^2 范数或交叉熵。反向传播算法通常用于计算 E 相对于 w 中每个参数的偏导数，并不断更新参数以减小其梯度。参数为 w_j 的随机梯度下降的更新规则为

$$w_j := w_j - \alpha \frac{\partial E}{\partial w_j} \tag{5-1}$$

此处 α 是学习率，E_i 是以最小的批次 i 计算。该周期是所有可用输入数据的完整迭代。

3）协同深度学习的架构

图 5-2 显示了协同深度学习系统的主要组件和协议。假设有 N 名参与者，并且每个参与者都有一个可用于训练的私有本地数据集，参与者预先同意采用一个通用的网络体系结构和学习目标。此外，我们假定存在一个参数服务器，其主要职责是维护最新的参数值，并确保所有参与者都能访问到这些参数。另外，参数服务器是抽象的，并由真实服务器或分布式系统实现。

第 5 章 基于协同深度学习的隐私安全防护技术

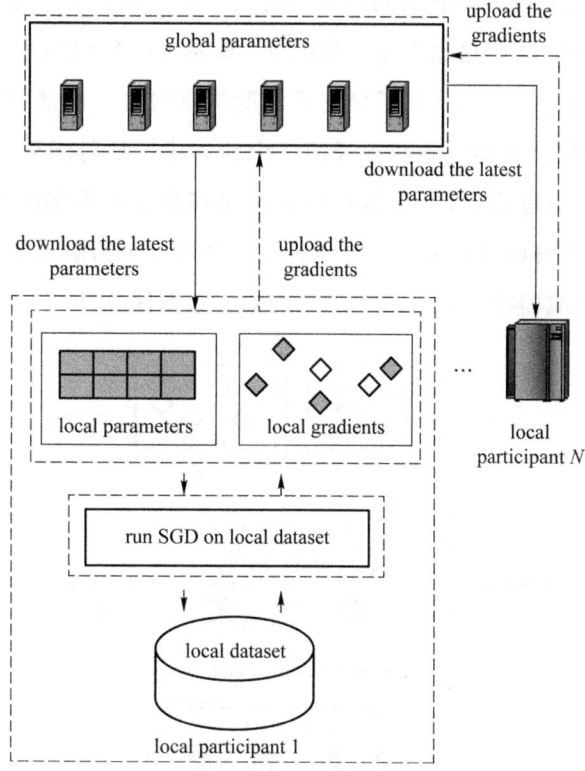

图 5-2　深度学习系统的高级架构

5.2.2　针对本地参数对 CDL 的攻击

在文献[132]中介绍的协同深度学习(CDL)系统可以在训练过程中选择性地共享模型参数,并且不受特定算法约束以针对特定任务训练模型。选择性参数共享对于不可靠的参数更新时表现出高效且强大的特性,表现出这种特性主要是因为随机梯度下降算法可以在训练过程中并行化并异步运行。

1) GAN 攻击模型的架构

目前,隐私保护侧重于学习模型的数据、模型本身以及模型的输出。一个重要的问题是如何执行梯度选择并获得共享梯度的实际值,因为这存在潜在的信息泄露风险。

从受害者设备中泄露的重要个人信息(如病历、露骨的图像或者语音记录)构成了对其隐私权的侵犯。攻击者可以通过特定方法收集受害者相关信息与特有的细节,这会使设备的泄漏更加严重。如图 5-3 所示,GAN 模型主要由生成器模型 G 和判别模型 D 组成,它们建立了判别式深度学习网络。通常,生成器模型 G 和判别模型 D 是多层感知器或卷积神经网络中的非线性映射函数。判别模型 D 是两个分类符,在训练过程中,生成器模型 G 通过捕获样本数据的分布并生成接近原始数据的结果来解密判别模型 D。判别模型 D 用于判断输入结果来自训练数据的可能性,即将生成器模型 G 生成的结果与真实数据区分开。

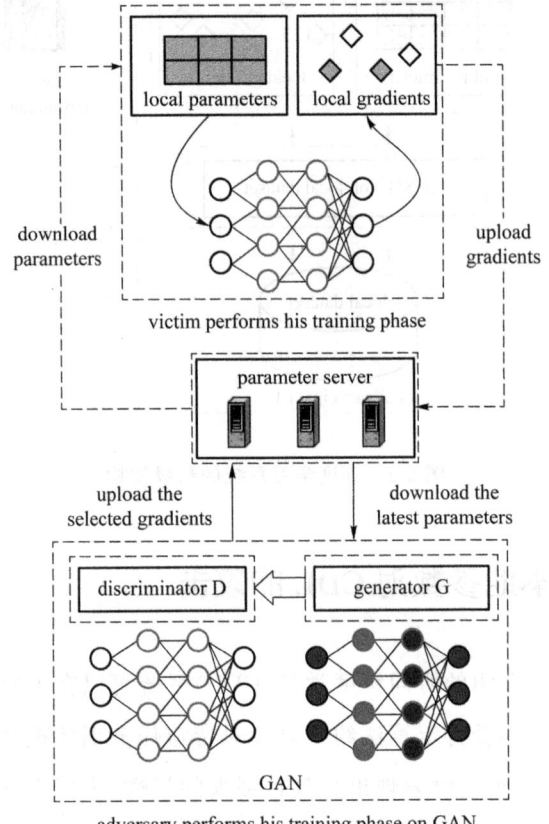

图 5-3　GAN 攻击协同深度学习

在文献[66]中,主要研究了如何训练判别网络以区分原始数据库中的图像和 GAN 生成的图像。首先,通过随机噪声初始化生成网络。其次,在每次迭代中训练模拟图像。GAN 的优化问题主要是针对生成器模型 G 和判别模型 D 的动态博弈过程的优化。

2) GAN 攻击模型的攻击过程

利用 GAN 攻击模型进行攻击时,其主要目标是生成与训练集参与者相似的样本,而非将图像分类到不同类别(虽然在理想情况下,它们应该具有相同的分布)。此外,尽管此类样本是由 GAN 生成的,但是 GAN 本身无法访问原始样本。GAN 仅通过与区分性深度神经网络进行交互来学习数据的分布。先前的研究通过 GAN 设计了一种针对协同深度学习的强大攻击,任何参与者都有机会从受害者的设备中推断敏感信息。为了实现此目标,攻击者只需运行协同学习算法并重建受害者设备中存储的敏感信息。更具威胁性的是,攻击者可以诱骗受害者发布攻击者计划检索的更详细的个人信息,并且只有通过影响学习过程才能实现此功能。此外,攻击可以秘密进行,而不会影响服务运营商或被检测到。即使模型参数被差异隐私所混淆,也无法避免上述秘密攻击。攻击者可以伪装成深入研究协议的参与者,以获取其原本不拥有的数据类型。攻击者还可以通过影响学习过程,欺骗受害者提交有关目标类的更多详细信息。上面提到的拮抗作用使我们的袭击相当有效,范围广泛。例如,模型反演攻击仅适用于最终训练的模型。而我们的攻击在更通用的学习模型(可以实现 GAN 的模型,包括已知无效的模型,如卷积神经网络)中也能得到广泛应用。

在本章的研究中,我们主要考虑以下情形。

(1) 假定设备已被对手 A 破坏。

(2) 从参数服务器(PS)下载的一部分参数用于判别模型 D。

(3) 训练生成器模型 G 生成带有标签 c 的样本。

(4) A 将带有标签 c 的样本混合到数据集中。

当 GAN 攻击发挥出其预期的作用并达到预期的效果时,A 的局部模型必须随着时间的推移不断提高其精度。此外,由于 GAN 攻击的目标不是差分隐私,而是协同深度学习,所以 GAN 攻击的效果不能通过差分隐私或其他混淆技术来调节。实验表明,虽然攻击的效果可能会降低,但只要攻击模型是学习型的,GAN 的强适应性就会促进模型的改进和学习。虽然为防止障碍而建立的设置将不可避免地遇到,但这仍然是一个解决方案。这个问题的解决方案包括通过设置更有效的隐私保护、分配更少的参数或建立更严格的阈值来绕过阻碍攻击的设置。然而,从文献[4]的结果可以看出,这些措施可能会导致攻击模型学习不当或不学习,以及集中数据训练的模型。最后,即使部署了差分隐私,攻击仍然会产生影响,因为一个精确的模型可以生成有区别的协作学习,而在这个过程中实际的梯度值是无功能的。

5.2.3 针对全局参数对 CDL 的攻击

在神经网络中,梯度失稳的一个主要原因是基于链式法则,通过计算后一层梯度的乘积来得到前一层梯度。当神经网络包含大量的层时,这种计算方式容易导致梯度的不稳定。此外,梯度的消失和爆炸也是导致神经网络梯度不稳定的重要因素。最后,如果无限制地更新特定的参数,可能会导致模型崩溃。

5.3 攻击模型训练相关探究

在本章的研究中,我们提出了一种新的、有效的方法来改进现有的信息保护机制。在不暴露个人敏感信息的情况下,提高数据可用性是当前深度学习应用程序的主要安全目标。

5.3.1 本地模型训练

通过初始化它们的参数,每个参与者都可以在自己的数据集上执行训练。然而,训练 GAN 需要达到纳什均衡。协同深度学习系统包括一个参数交换协议。每个参与者都有机会将所选神经网络参数的梯度上传到参数服务器,并且可以在每个本地 SGD 期间下载最新的参数值。每个参与者都可以独立地收集一组参数。更重要的是,单个参与者的局部训练数据集没有过度拟合。虽然在某些情况下可以通过梯度下降来达到纳什均衡,但目前还没有找到更好的方法来达到纳什均衡。即使是一个在本地模型上训练的 GAN 也是不稳定的。一方面,GAN 不适用于离散形式的数据(如文本)。另一方面,由于逐渐消失和模式崩溃的问题(目前已经解决),它仍然比训练玻尔兹曼机更稳定。在 GAN 模型攻击下的协同深度学习训练阶段,每个参与者都可以独立地、私下地对新数据进行评估。为了实现这个目标,参与者不需要相互交互。

1) GAN 在训练阶段的不稳定性

在实际的 GAN 应用中,由于 GAN 必须交替优化生成器模型 G 和判别模型 D 才能达到最佳的同步状态,因此很难在发生器和鉴别器之间实现有效的平衡。但是在实践中,通常需要对判别模型 D 进行多次训练,然后对生成器模型 G 进行更新。如果生成器模型 G 与判别模型 D 不能达到最佳平衡,生成器模型 G 可能会崩溃到鞍点。

另外,GAN 在训练期间遇到了很大困难。一方面,生成器和鉴别器可能无法达到它们的最佳平衡,导致无法显示整个训练过程。另一方面,产生多种样品的能力也是缺乏的。一般而言,当 GAN 训练不稳定时,也无法获得令人满意的训练结果。而且,这种情况并非通过简单地延长训练时间就能得到改善,因为 GAN 的损失函数具有 JS 散度,所以不适用于测量不良情况分布之间的距离。JS 差异可以表示为

$$\mathrm{JS}(P_1 \parallel P_2) = \frac{1}{2}\mathrm{KL}\left(P_1 \parallel \frac{P_1+P_2}{2}\right) + \frac{1}{2}\mathrm{KL}\left(P_2 \parallel \frac{P_1+P_2}{2}\right) \tag{5-2}$$

此外,SGD 易振荡特性增加了 GAN 训练的不稳定性。如果发生器耗尽,则将导致梯度消失。另外,如果优化目标设置不当,导致梯度不稳定,多样性和精度之间的平衡就会被打破,进而可能引发模式崩溃。一方面,这是因为等效的优化距离测量(KL 散度、JS 散度)不合理。另一方面,因为生成器是随机初始化的,其分布很难与实际分布重叠。JS 散度可以表示为

$$D(P \parallel Q) = \sum_{x \in X} P(x) \log \frac{P(x)}{Q(x)} \tag{5-3}$$

2) 学习率对培训的影响

通过实验,我们发现学习率对训练过程有着显著影响。在图 5-4 中,显示了不同上传速率(每个参数分别为 1 000、0.01 和 0.000 1)的私人预算结果。关于随机梯度下降,我们的实验结果表明学习率接近零或无穷大会使梯度不稳定,从而导致崩溃模式。因此,我们改变学习率以影响 GAN 的学习过程并使它无效。

learning_rate: 0.000 1

learning_rate: 0.01

learning_rate: 1 000

图 5-4　GAN 的学习率表现

在图 5-5 中，低学习率曲线将更接近线性函数（曲线③），而过高的学习率曲线将接近指数函数（曲线②）。虽然高学习率可能导致曲线迅速下降并在某些不良结果下收敛，但过度的学习率却会带来较差的表现（曲线①）。因此，合理的学习率应反映为曲线④。

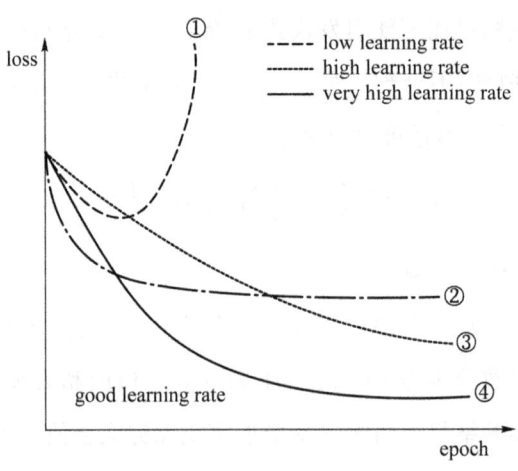

图 5-5　学习率对最终损失的影响

在文献[132]中,关于∈值,我们发现使用的∈太大,会导致差异隐私的问题。但是,对于小∈,因为局部模型无法学习,致使协同学习完全失败。在本章的研究中,我们在更严格的隐私限制下进行实验,由于局部模型根本无法学习,使得生成器不能产生良好的结果。

5.3.2 全局模型训练

1) 敏感参数服务器

训练数据的分离和差分隐私的保障一直存在,并不完全受参数服务器可信度的影响。为了主动防止某些服务器链接到每个参与者的更新数据或信息,可以设计一个参数服务器来隐藏上传者的身份。例如,每个参与者都可以匿名身份验证,包括他们的身份和他们上传的梯度。为实现这一目标,可采用一种安全、可靠、可扩展的匿名通信协议可以用来隐藏参与者的身份。

基本随机梯度下降算法的固有功能可确保分布式同步随机梯度下降(synchronous stochastic gradient descent,SSGD)中各参数之间的独立性,保证了梯度下降算法能够实现参数存储系统的完全分布。在参数存储系统中,参数的随机子集由相应的参与者负责。

2) 梯度消失和梯度爆炸问题

在执行 Lipschitz 约束时,通常会采用减轻权重的方法。当裁剪参数超过标准值时,任何权重都可能需要很长时间才能达到极限,这不仅增加了训练难度,还使审阅者更难训练到最佳状态。但是,当裁剪参数太小,层数太大,或者没有使用批量归一化方法(如在 RNN 中)时,梯度可能会消失。

在 SGD 中,前层的梯度是由后层的梯度乘积获得的。因此,如果梯度的级别过高,则会导致不稳定,而这种不稳定是固有的。消失和爆炸梯度是这种现象的显著例子。图 5-6 中的网络结构可以总结为

$$f(w_1) = f_3(w_3 f_2(w_2 f_1(w_1))) \tag{5-4}$$

那么,关于 $f(w_1)$ 的偏导数是

$$\frac{\partial f}{\partial w_1} = \frac{\partial f_3}{\partial w_1} w_3 \times \frac{\partial f_2}{\partial w_1} w_2 \times \frac{\partial f_1}{\partial w_1} \tag{5-5}$$

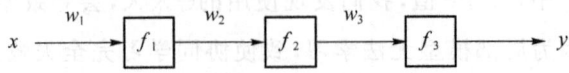

图 5-6　网络结构

我们使用 S 形函数作为激活函数。学习率(learning rate,lr)确定权重 w(weight)更新的速度。如果 lr 趋于零,则 w 也会变得非常小,从而导致梯度消失。如果 lr 趋于较大,则 w 也会变得非常大,从而导致爆炸梯度。这种趋势只是上传恶意参数的后果之一,这会严重影响 CDL 的作用以及非恶意参与者的体验。

如果前一层的变化小于后一层的梯度,那么该梯度在传播过程中会逐渐减小其陡峭度,甚至可能逐渐消失。而如果权重异常增大,超过正常范围,那么前一层的变化速度将会超过后一层,这可能带来更严重的后果,即梯度爆炸。

5.4　基于深度卷积生成对抗网络的隐私保护方法

5.4.1　系统架构

算法 5-1 为 GAN 模型攻击下协同深度学习的信息保护。

算法 5-1:GAN 模型攻击下协同深度学习的信息保护

预训练阶段:

1. 假设两个参与者 A(对手)和 V(受害者)共同学习该结构(模型、标签等),(如 V 声明标签 $[a,b]$,同时 A 声明标签 $[b,c]$)

2. 学习率(lr)

3. 参数上传部分(百分比)(θ_u)

4. 参数下载部分(θ_d)

5. 数据埋点(w_m)

本地训练阶段:

1. **for** epoch=1 to nr epochs **do**

2. 使用户 x 可用于训练

3. 用户 x 从参数服务器下载 θ_d 参数

4. 用新下载的数据替换用户 x 本地模型中各自的本地参数

全局参数服务器训练阶段：

1. **for** epoch=1 to nr epochs **do**
2. 　检测埋点是否改变
3. 　**if** 没有变化, $w_{ni}==0$, pass
4. 　**else if** 有变化, **then** 检测掩埋点的网络层是否有变化
5. 　**if** 有变化, **then**
6. 　　改变 A 的 lr 值, 并且等待下一个返回值
7. 　　拒绝 A 访问参数服务器
8. 　**end if**

在算法 5-1 中,我们首先考虑了包含两个参与者的场景：一个是定义为攻击者 A 的对手,另一个是定义为受害者 V 的用户。其次,我们将攻击策略扩展到包含多个用户的情境。

如图 5-7 所示,我们将检测模块添加到参数服务器(PS)并修改网络协议,然后根据修改后的协议和数据埋点将埋点层添加到本地模型中。学习速率(lr)决定权重更新的速度并影响损失。此处, θ_u 和 θ_d 分别表示由 A 和 V 上传或下载的参数。每个参与者都可以释放任意数量的标签,而无需覆盖这些类别。

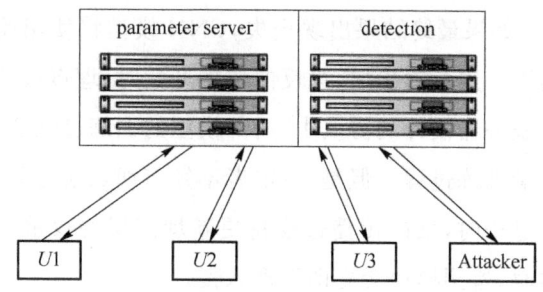

图 5-7　GAN 模型攻击下的信息保护体系结构

如果我们假设系统受到 A 的危害,则 A 和 V 的训练阶段可以描述如下。

V 的训练阶段：V 从参数服务器下载参数,以此作为本地训练的数据基础。随后, V 更新其本地模型和参数,并将变化率上传至参数服务器。

A 的训练阶段：A 从参数服务器下载参数作为本地训练的数据，A 使用 GAN 训练局部模型以生成与 V 相同的样本。通过这种方式，A 达到了从 V 窃取信息的目的。如参考文献[13]所示，攻击通常发生在训练阶段。

5.4.2 防护分析

窃取用户信息和攻击参数服务器是攻击系统的两种主要方式。我们将攻击角色分为三类：入侵者、受感染用户和恶意用户。入侵者会非法进入系统，在不相关的设备上训练数据，且不涉及本地训练的模型或加密密钥。受感染用户则是通过感染系统中的用户设备来访问数据集，并能从参数服务器下载参数。而恶意用户则是系统中的原始用户，他们可能会恶意窃取其他用户的信息或攻击参数服务器。

为了防范这些攻击，加密手段是常用的防御措施之一。例如，DL 解决方案的原理就是对加密数据进行计算，或者引入随机数来处理包含故意错误的训练集。通过加密参数，可以有效防止服务器和用户之间传递的信息被泄露。此外，诸如 DES 之类的加密方法或差分隐私技术也可以用来阻止入侵者，因为他们无法获取加密数据，从而无法进行 GAN 攻击。

然而，对于能够获取加密数据的受感染用户和恶意用户，我们需要采取额外的防御措施。我们设计了一个基于 CNN 模型的算法，该算法在完全连接层之前设置了埋点层，并将其所有权重初始化为 0。当计算值通过正向传播到达埋点层时，输出值会被计算为 0。如果最终结果出现损失，CNN 模型将使用反向传播来更新权重。由于埋点层的下一层是输出层，当反向传播开始时，埋点层会首先受到影响。

在我们为参数服务器设计的协议中，局部模型的训练过程会绕过埋点层，这意味着埋点层不会影响训练过程。但是，攻击者不知道埋点层是如何工作的。因此，当他或她启动训练过程时，反向传播过程将更新埋点层的权重。当攻击者将参数上传到参数服务器时，检测模块会立即发现入侵。

如果将此行为归类为 GAN 模型攻击，则将释放攻击者上传的参数，同时限制攻击者的学习速度，等待下一次上传。若确认该行为属于恶意攻击，参数服务器会将攻击者列入黑名单，并拒绝其后续访问。如果此行为被归类为恶意参数的上传，则参数服务器将直接将攻击者列入黑名单。多种针对协同深度学习网络系统的攻击可能导致严重的信息泄露，我们的方法在防御针对学习过程使用 GAN 所带来的信息泄露问题有着显著表现。我们设计并实施的有效解决方案可防御针对协同深度学习的GAN模型攻击,这大大提升了对于分布式、联合式或分散式深度学习方法的保护性。

5.5 实验与分析

5.5.1 数据集

Hitaj等[13]提供了源代码,这些源代码实现了对完全分布式协同深度学习系统的攻击,揭示了当前所有隐私保护协同深度学习系统都容易受到攻击。特别是,他们展示了分布式、联合式或分散式深度学习方法的底层设计容易受到攻击,且不能保护诚实参与者的训练集。

我们在著名的MNIST数据集上进行了实验。MNIST是当前深度学习应用的首选基准数据集,由0到9的手写数字的灰度图像组成。每个图像由32个像素组成且居中。该数据集由60 000条训练数据记录和10 000条测试数据记录组成。对于这些实验,我们没有对数据进行预处理。在MNIST数据集实验中,我们使用了基于卷积神经网络(CNN)的体系结构。基于nn.sequential()将网络层相互顺序连接,这使得网络层完全前馈。我们深入探讨了以下三个方面的GAN模型攻击。

(1) 由于攻击者和系统在整个过程中遵循相同的协议集,所以学习率由我们控制。

(2) 由于判别模型D是由本地模型生成的,因此攻击者必须遵循学习速度。因为GAN的判别模型D随本地模型而变化,所以学习率必须与局部模型一致。另外,根据信息博弈论,攻击者必须在保持学习者的最佳收益的同时,保持CDL中的学习率。

(3) 如前所述,最早的保护措施只是集中在数据加密上,这样就导致本地模型或者访问的设备不安全。

5.5.2 实验与结果

本系统中的本地参数和全局参数通过加密传输,确保了数据的安全性。因此,即使入侵者成功入侵系统也无法解密或对其重新加密,从而避免入侵者进行 GAN 模型攻击和上传恶意参数。对于受感染用户和恶意用户,系统能够轻松检测到他们上传的参数异常。以下实验结果表明,当受感染用户或恶意用户使用此 GAN 模型攻击系统时,参数服务器会检测到入侵并返回高学习率参数。如图 5-8 所示,当学习率为 0.001,0.005 或 0.01 时,攻击者可以训练模型,即成功攻击系统。

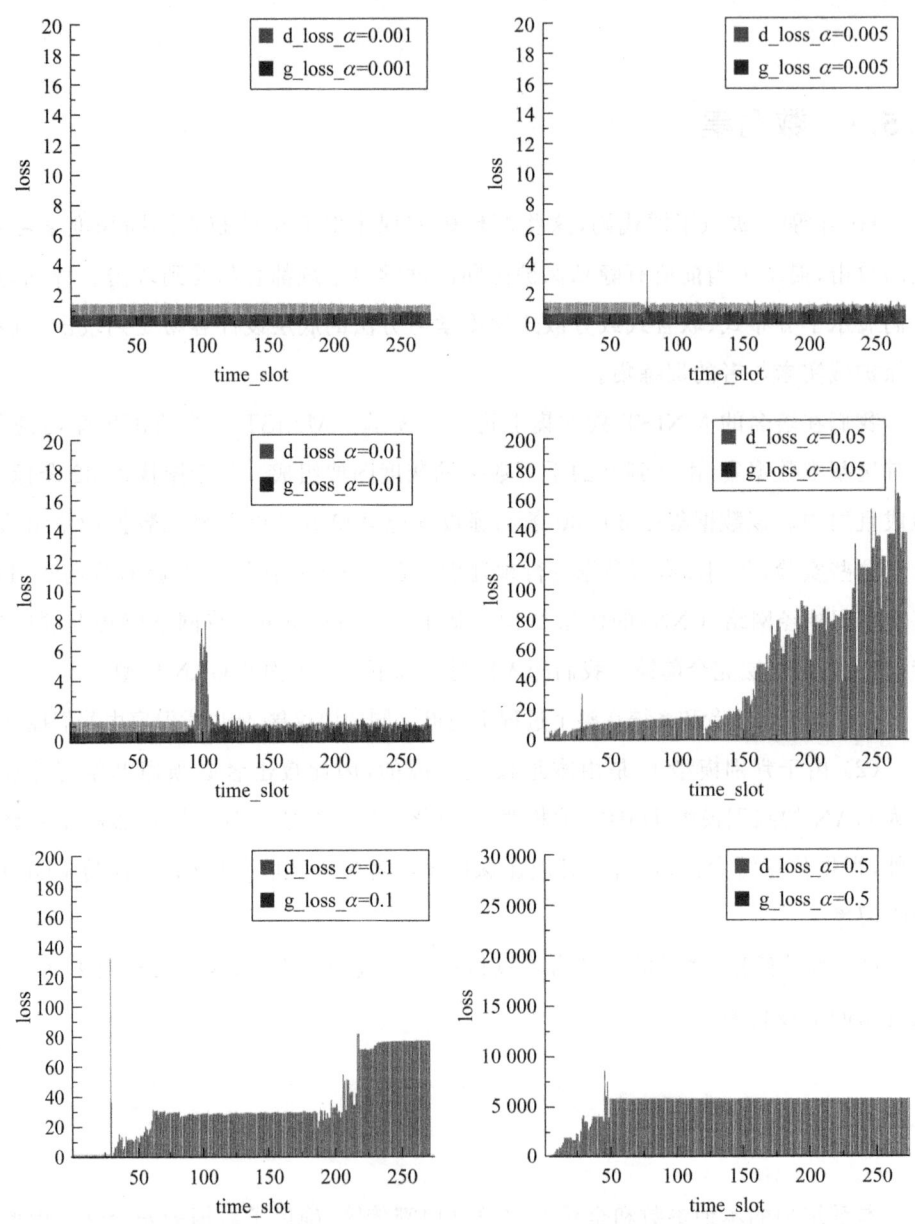

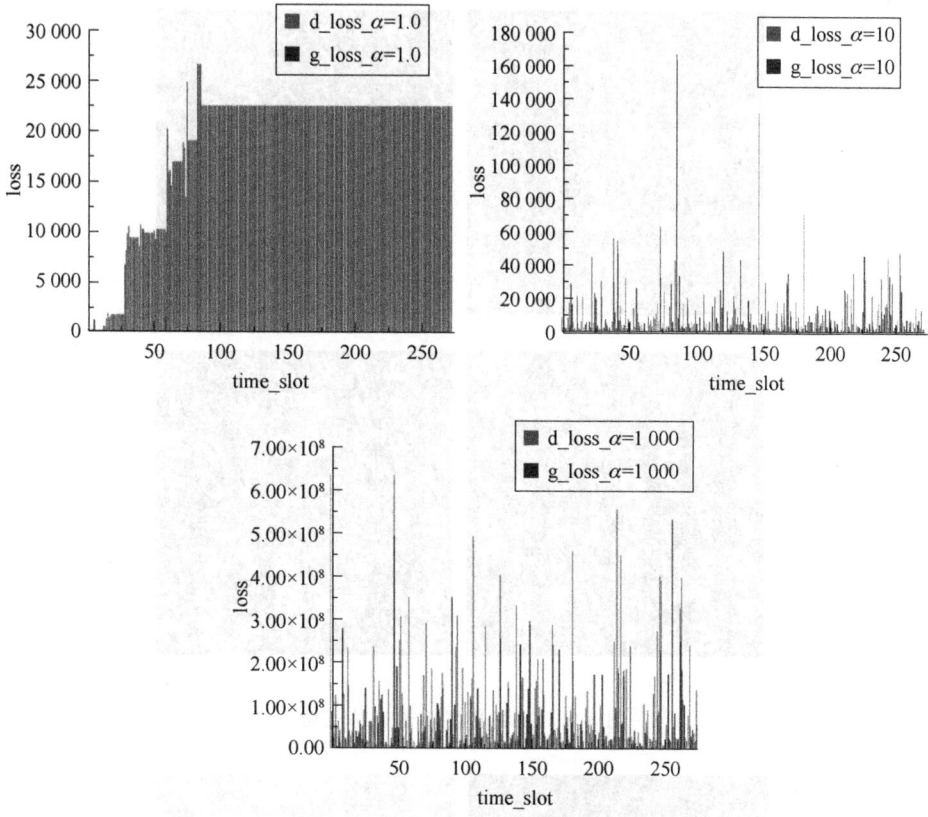

图 5-8 GAN 模型不同学习率的表现

攻击者可以使用 GAN 模型来生成其他用户的样本,如图 5-9 所示。当学习率为 0.001 时,判别模型 D 和生成器模型 G 的损失会逐步下降。当学习率为 0.005 或 0.001 时,判别模型 D 和生成器模型 G 的损失会在 10～1 000 之间波动,这种波动源于判别模型 D 和生成器模型 G 在寻找各自最佳值的过程中出现了不平衡。因此,在同步学习判别模型 D 和生成器模型 G 的过程中,如果判别模型 D 的训练效果足够好,它将不会返回其数据分布信息作为反馈,这将导致生成器模型 G 停止学习,从而大大增加生成器模型 G 的损失。类似地,当学习率是 0.05 或 0.5 时,判别模型 D 损失会迅速减少。若生成器模型 G 无法了解有关判别模型 D 的数据分布的更多信息,这将导致生成器模型 G 损失逐渐增加。

如图 5-10 所示,当学习率提高时,判别模型 D 和生成器模型 G 无法保持对抗性学习,这会导致训练失败。判别模型 D 损失和生成器模型 G 损失达到数百万个数量级,生成的样本不包含任何信息,这表明学习过程是不成功的。总之,可以通过更改学习率来消除 GAN 模型攻击。

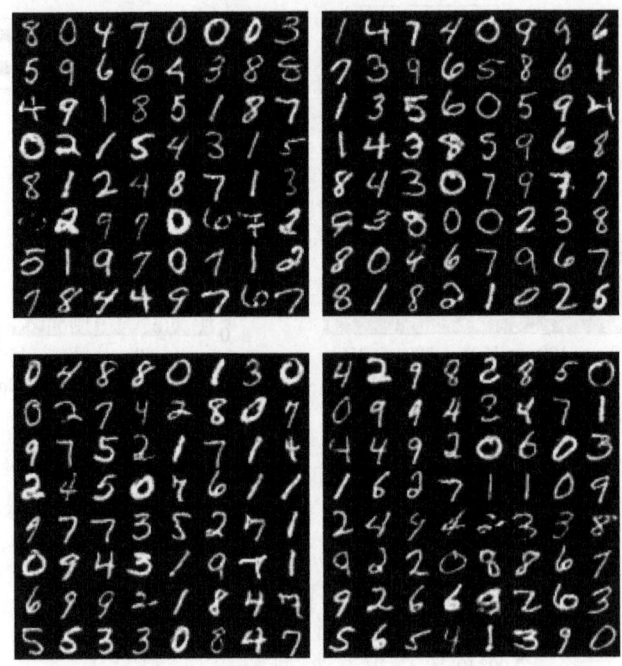

图 5-9　GAN 模型攻击训练成功

图 5-10　GAN 模型攻击训练失败

第 5 章 基于协同深度学习的隐私安全防护技术

本 章 小 结

　　针对生成式对抗网络的攻击造成的协同深度学习训练过程中严重的隐私泄露问题,提出了一种基于深度卷积生成对抗网络的隐私保护方法,有效提高基于生成式对抗网络攻击模型的防护效果。在协同深度学习训练过程中,基于深度卷积对抗生成网络的隐私保护方法存在严重的信息泄漏风险,该方法在深度网络参数传输过程中采用加密传输,设置埋点可以检测网络中的生成对抗网络的强力攻击,通过调整训练参数,使得基于 GAN 模型攻击的训练失效,从而有效地保护了信息。在此基础上,提升基于深度卷积生成对抗网络的隐私保护方法的稳定性并通过实验验证其有效性。深度学习通过神经网络的分层处理,将低层特征组合成更加抽象的高层表示属性类别或特征,以发现数据的分布式特征表示,其模型性能与训练数据集的规模和质量密切相关,而在训练数据集中通常包含较多的敏感信息,攻击者通过一定的攻击手段可以还原出训练数据集,从而使得用户隐私信息泄露。然而,在研究过程中,我们也同时发现了深度学习等技术暴露出的严重的隐私安全问题,通过加强研究并丰富 GAN 攻击模型的样本多样性,基于深度卷积生成对抗网络的隐私保护方法的优势将进一步显现,继续改善与 GAN 模型攻击相关的缺陷。

参 考 文 献

[1] RIZWAN A, ZOHA A, ZHANG R, et al. A review on the role of nano-communication in future healthcare systems: a big data analytics perspective [J]. IEEE Access, 2018, 6: 41903-41920.

[2] LI J D, LIU H. Challenges of feature selection for big data analytics[J]. IEEE Intelligent Systems, 2017, 32(2): 9-15.

[3] DUAN Y Q, EDWARDS J S, DWIVEDI Y K. Artificial intelligence for decision making in the era of Big Data - evolution, challenges and research agenda[J]. International Journal of Information Management, 2019, 48: 63-71.

[4] NICHOLSON PRICE W, GLENN COHEN I. Privacy in the age of medical big data[J]. Nature Medicine, 2019, 25(1): 37-43.

[5] MISHRA P, PILLI E S, VARADHARAJAN V, et al. Intrusion detection techniques in cloud environment: a survey[J]. Journal of Network and Computer Applications, 2017, 77: 18-47.

[6] RYAN J, LIN M J, MIIKKULAINEN R, et al. Intrusion detection with neural networks[C]//Proceedings of the 11th International Conference on Neural Information Processing Systems. 1997: 943-949.

[7] MUKKAMALA S, JANOSKI G, SUNG A. Intrusion detection using neural networks and support vector machines[C]//Proceedings of the 2002 International Joint Conference on Neural Networks. 2002: 1702-1707.

[8] WANG Y. A multinomial logistic regression modeling approach for anomaly intrusion detection[J]. Computers & Security, 2005, 24(8): 662-674.

[9] BEN AMOR N, BENFERHAT S, ELOUEDI Z, et al. Naive Bayes vs decision trees in intrusion detection systems[C]//Proceedings of the 2004 ACM Symposium on Applied Computing. 2004: 420-424.

[10] LECUN Y, BENGIO Y, HINTON G. Deep learning[J]. Nature, 2015, 521(7553): 436-444.

[11] LITJENS G, KOOI T, BEJNORDI B E, et al. A survey on deep learning in medical image analysis[J]. Medical Image Analysis, 2017, 42: 60-88.

[12] TAIGMAN Y, YANG M, RANZATO M, et al. DeepFace[C]//Proceedings of the 2014 IEEE Conference on Computer Vision and Pattern Recognition. 2014: 1701-1708.

[13] HITAJ B, ATENIESE G, PEREZ-CRUZ F, et al. Deep models under the GAN[C]//Proceedings of the 2017 ACM SIGSAC Conference on Computer and Communications Security. 2017: 603-618.

[14] SUTSKEVER I, VINYALS O, LE Q V, et al. Sequence to sequence learning with neural networks[C]//Proceedings of the 28th International Conference on Neural Information Processing Systems. 2014: 3104-3112.

[15] PONULAK F, KASIŃSKI A. Supervised learning in spiking neural networks with ReSuMe: sequence learning, classification, and spike shifting[J]. Neural Computation, 2010, 22(2): 467-510.

[16] JAVAID A, NIYAZ Q, SUN W Q, et al. A deep learning approach for network intrusion detection system[C]//Proceedings of the 9th EAI International Conference on Bio-inspired Information and Communications Technologies (formerly BIONETICS). 2016: 21-26.

[17] ANDERSON H S, WOODBRIDGE J, FILAR B. DeepDGA: adversarially-tuned domain generation and detection[C]//Proceedings of the 2016 ACM Workshop on Artificial Intelligence and Security. 2016: 13-21.

[18] SAHS J, KHAN L. A machine learning approach to Android malware detection[C]//2012 European Intelligence and Security Informatics Conference. IEEE, 2012: 141-147.

[19] ZHANG J, ZULKERNINE M, HAQUE A. Random-forests-based network intrusion detection systems[J]. IEEE Transactions on Systems, Man, and Cybernetics, Part C (Applications and Reviews), 2008, 38(5): 649-659.

[20] XIAO H, BIGGIO B, NELSON B, et al. Support vector machines under adversarial label contamination[J]. Neurocomputing, 2015, 160: 53-62.

[21] FRÉNAY B, VERLEYSEN M. Classification in the presence of label noise: a survey[J]. IEEE Transactions on Neural Networks and Learning Systems, 2014, 25(5): 845-869.

[22] TONG D, QU Y R, PRASANNA V K. Accelerating decision tree based traffic classification on FPGA and multicore platforms[J]. IEEE Transactions on Parallel and Distributed Systems, 2017, 28(11): 3046-3059.

[23] DEAN J, CORRADO G S, MONGA R, et al. Large scale distributed deep networks[C]//Proceedings of the 26th International Conference on Neural Information Processing Systems. 2012: 1223-1231.

[24] LABRINIDIS A, JAGADISH H V. Challenges and opportunities with big data[J]. Proceedings of the VLDB Endowment, 2012, 5(12): 2032-2033.

[25] YAN K, WANG X D, DU Y, et al. Multi-step short-term power consumption forecasting with a hybrid deep learning strategy[J]. Energies, 2018, 11(11): 3089.

[26] BENGIO Y, DUCHARME R, VINCENT P, et al. A neural probabilistic language model[J]. Journal of Machine Learning Research, 2003, 3: 1137-1155.

[27] KOLTER J Z, MALOOF M A. Learning to detect and classify malicious executables in the wild[J]. Journal of Machine Learning Research, 2006, 7: 2721-2744.

[28] SUJA MARY D, JAYA SINGH DHAS L, DEEPA A R, et al. Network intrusion detection: an optimized deep learning approach using big data

analytics[J]. Expert Systems with Applications, 2024, 251: 123919.

[29] ULLAH F, TURAB A, ULLAH S, et al. Enhanced network intrusion detection system for Internet of Things security using multimodal big data representation with transfer learning and game theory[J]. Sensors, 2024, 24(13): 4152.

[30] ESPOSITO C, SU X, ALJAWARNEH S A, et al. Securing collaborative deep learning in industrial applications within adversarial scenarios[J]. IEEE Transactions on Industrial Informatics, 2018, 14(11): 4972-4981.

[31] REZAEI S, LIU X. Multitask learning for network traffic classification [C]//2020 29th International Conference on Computer Communications and Networks (ICCCN). 2020: 1-9.

[32] WANG S P, NIE L S, LI G J, et al. A multitask learning-based network traffic prediction approach for SDN-enabled industrial Internet of Things [J]. IEEE Transactions on Industrial Informatics, 2022, 18(11): 7475-7483.

[33] YAN X D, ZHANG T X, CUI B J, et al. Hinge classification algorithm based on asynchronous gradient descent[C]// Advances on Broad-Band Wireless Computing, Communication and Applications. Cham: Springer International Publishing, 2018: 459-468.

[34] MISHRA A, JHAPATE A K, KUMAR P. Designing rule base for genetic feedback algorithm based network security policy framework using state machine[C]//2009 International Conference on Signal Processing Systems. . IEEE, 2009: 415-417.

[35] MVULA P K, BRANCO P, JOURDAN G V, et al. COVID-19 malicious domain names classification[J]. Expert Systems with Applications, 2022, 204: 117553-117563.

[36] HOU Y T, CHANG Y M, CHEN T, et al. Malicious web content detection by machine learning[J]. Expert Systems with Applications, 2010, 37(1): 55-60.

[37] SHABTAI A, MOSKOVITCH R, ELOVICI Y, et al. Detection of malicious code by applying machine learning classifiers on static features: a state-of-the-art survey[J]. Information Security Technical Report, 2009, 14(1): 16-29.

[38] SHABTAI A, KANONOV U, ELOVICI Y, et al. "Andromaly": a behavioral malware detection framework for Android devices[J]. Journal of Intelligent Information Systems, 2012, 38(1): 161-190.

[39] SAHOO D, LIU C H, HOI S C H. Malicious URL detection using machine learning: a survey[EB/OL]. 2017. https://arxiv.org/abs/1701.07179v3.

[40] MARINO D L, MANIC M. Modeling and planning under uncertainty using deep neural networks[J]. IEEE Transactions on Industrial Informatics, 2019, 15(8): 4442-4454.

[41] SIMONYAN K, ZISSERMAN A. Very deep convolutional networks for large-scale image recognition[EB/OL]. 2014. https://arxiv.org/abs/1409.1556v6.

[42] QIAO Y, XIN X W, BIN Y, et al. Anomaly intrusion detection method based on HMM[J]. Electronics Letters, 2002, 38(13): 663-664.

[43] MA J, SAUL L K, SAVAGE S, et al. Learning to detect malicious URLs[J]. ACM Transactions on Intelligent Systems and Technology, 2011, 2(3): 1-24.

[44] MA J, SAUL L K, SAVAGE S, et al. Beyond blacklists: learning to detect malicious web sites from suspicious URLs[C]//Proceedings of the 15th ACM SIGKDD International Conference on Knowledge Discovery and Data Mining. 2009: 1245-1254.

[45] HE Y C, ZHONG Z Y, KRASSER S, et al. Mining DNS for malicious domain registrations[C]//Proceedings of the 6th International ICST Conference on Collaborative Computing: Networking, Applications, Worksharing. IEEE, 2010.

[46] LI T, KOU G, PENG Y. Improving malicious URLs detection via feature engineering: Linear and nonlinear space transformation methods[J]. Information Systems, 2020, 91: 101494-101512.

[47] CUCCHIARELLI A, MORBIDONI C, SPALAZZI L, et al. Algorithmically generated malicious domain names detection based on n-grams features[J]. Expert Systems with Applications, 2021, 170: 114551-114567.

[48] KULKARNI A, BALACHANDRAN V, DAS T. Phishing webpage detection: unveiling the threat landscape and investigating detection techniques[J]. IEEE Communications Surveys & Tutorials, 2024:1-30.

[49] LIANG J B, CHEN S H, WEI Z L, et al. HAGDetector: Heterogeneous DGA domain Name detection model[J]. Computers & Security, 2022, 120: 102803-102819.

[50] BUCZAK A L, GUVEN E. A survey of data mining and machine learning methods for cyber security intrusion detection[J]. IEEE Communications Surveys & Tutorials, 2016, 18(2): 1153-1176.

[51] GHARAIBEH A, SALAHUDDIN M A, HUSSINI S J, et al. Smart cities: a survey on data management, security, and enabling technologies [J]. IEEE Communications Surveys & Tutorials, 2017, 19(4): 2456-2501.

[52] AHMED M, NASER MAHMOOD A, HU J K. A survey of network anomaly detection techniques[J]. Journal of Network and Computer Applications, 2016, 60: 19-31.

[53] HAMAMOTO A H, CARVALHO L F, SAMPAIO L D H, et al. Network anomaly detection system using genetic algorithm and fuzzy logic [J]. Expert Systems with Applications, 2018, 92: 390-402.

[54] BLUM A, WARDMAN B, SOLORIO T, et al. Lexical feature based phishing URL detection using online learning[C]//Proceedings of the 3rd ACM Workshop on Artificial Intelligence and Security. 2010: 54-60.

[55] HALL M. Correlation-based feature selection for discrete and numeric class machine learning [C]//International Conference on Machine Learning, 2009

[56] YU L, LIU H, YU L, et al. Feature selection for high-dimensional data [C]//Proceedings of the 20th International Conference on International Conference on Machine Learning. 2003: 856-863.

[57] RADFORD A, METZ L, CHINTALA S, et al. Unsupervised representation learning with deep convolutional generative adversarial networks[EB/OL]. 2015. https://arxiv.org/abs/1511.06434v2.

[58] GIDARIS S, SINGH P, KOMODAKIS N. Unsupervised representation learning by predicting image rotations[EB/OL]. 2018. https://arxiv.org/abs/1803.07728v1.

[59] JAS A, GHOSH-DASTIDAR J, NG M E, et al. An efficient test vector compression scheme using selective Huffman coding [J]. IEEE Transactions on Computer-Aided Design of Integrated Circuits and Systems, 2003, 22(6): 797-806.

[60] UMER M, SADIQ S, KARAMTI H, et al. Deep learning-based intrusion detection methods in cyber-physical systems: challenges and future trends [J]. Electronics, 2022, 11(20): 3326.

[61] ALI AHMED A, JABBAR W A, SADIQ A S, et al. Deep learning-based classification model for botnet attack detection[J]. Journal of Ambient Intelligence and Humanized Computing, 2022, 13(7): 3457-3466.

[62] JOHNSON C, KHADKA B, BASNET R B, et al. Towards detecting and classifying malicious URLs using deep learning[J]. J Wirel Mob Networks Ubiquitous Comput Dependable Appl, 2024, 11: 31-48.

[63] ILIYASU A S, DENG H F. N-GAN: a novel anomaly-based network intrusion detection with generative adversarial networks[J]. International Journal of Information Technology, 2022, 14(7): 3365-3375.

[64] KRIZHEVSKY A, SUTSKEVER I, HINTON G E. ImageNet

classification with deep convolutional neural networks [J]. Communications of the ACM, 2017, 60(6): 84-90.

[65] SIMONYAN K, ZISSERMAN A. Very deep convolutional networks for large-scale image recognition [EB/OL]. https://arxiv.org/abs/1409.1556v6.

[66] SMIRNOV E A, TIMOSHENKO D M, ANDRIANOV S N. Comparison of regularization methods for ImageNet classification with deep convolutional neural networks[J]. AASRI Procedia, 2014, 6: 89-94.

[67] HE K M, ZHANG X Y, REN S Q, et al. Deep residual learning for image recognition[C]//2016 IEEE Conference on Computer Vision and Pattern Recognition (CVPR). 2016: 770-778.

[68] CHUNG J, GULCEHRE C, CHO K, et al. Empirical evaluation of gated recurrent neural networks on sequence modeling[EB/OL]. https://arxiv.org/abs/1412.3555v1.

[69] SCHUSTER M, PALIWAL K K. Bidirectional recurrent neural networks [J]. IEEE Transactions on Signal Processing, 1997, 45(11): 2673-2681.

[70] SUNDERMEYER M, ALKHOULI T, WUEBKER J, et al. Translation modeling with bidirectional recurrent neural networks[C]//Proceedings of the 2014 Conference on Empirical Methods in Natural Language Processing (EMNLP). 2014: 14-25.

[71] BERGLUND M, RAIKO T, HONKALA M, et al. Bidirectional recurrent neural networks as generative models[C]//Proceedings of the 29th International Conference on Neural Information Processing Systems. 2015: 856-864.

[72] HOCHREITER S, SCHMIDHUBER J. Long short-term memory[J]. Neural computation, 1997, 9(8): 1735-1780

[73] GRAVES A. Long short-term memory [M]//Supervised sequence labelling with recurrent neural networks. Berlin:Springer, 2012: 37-45.

[74] MORCHID M. Parsimonious memory unit for recurrent neural networks

with application to natural language processing[J]. Neurocomputing, 2018, 314: 48-64.

[75] NALLAPATI R, ZHOU B W, DOS SANTOS C N, et al. Abstractive text summarization using sequence-to-sequence RNNs and beyond[EB/OL]. 2016. https://arxiv.org/abs/1602.06023v5.

[76] PARK K H, SONG H M, YOO J D, et al. Unsupervised malicious domain detection with less labeling effort[J]. Computers & Security, 2022, 116: 102662.

[77] LIANG J B, CHEN S H, WEI Z L, et al. HAGDetector: Heterogeneous DGA domain Name detection model[J]. Computers & Security, 2022, 120: 102803.

[78] OZCAN A, CATAL C, DONMEZ E, et al. A hybrid DNN-LSTM model for detecting phishing URLs[J]. Neural Computing & Applications, 2023, 35(7).

[79] BOZKIR A S, DALGIC F C, AYDOS M. GramBeddings: a new neural network for URL based identification of phishing web pages through N-gram embeddings[J]. Computers & Security, 2023, 124: 102964.

[80] LIANG Y J, WANG Q S, XIONG K, et al. Robust detection of malicious URLs with self-paced wide & deep learning[J]. IEEE Transactions on Dependable and Secure Computing, 2022, 19(2): 717-730.

[81] SHOKRI R, STRONATI M, SONG C Z, et al. Membership inference attacks against machine learning models[C]//2017 IEEE Symposium on Security and Privacy (SP). IEEE, 2017: 3-18.

[82] YUAN X Y, HE P, ZHU Q L, et al. Adversarial examples: attacks and defenses for deep learning[J]. IEEE Transactions on Neural Networks and Learning Systems, 2019, 30(9): 2805-2824.

[83] MELIS L, SONG C Z, DE CRISTOFARO E, et al. Exploiting unintended feature leakage in collaborative learning[C]//2019 IEEE Symposium on Security and Privacy (SP). IEEE, 2019: 691-706.

[84] FREDRIKSON M, JHA S, RISTENPART T, et al. Model inversion attacks that exploit confidence information and basic countermeasures [C]//Proceedings of the 22nd ACM SIGSAC Conference on Computer and Communications Security. 2015: 1322-1333.

[85] TRAMÈR F, ZHANG F, JUELS A, et al. Stealing machine learning models via prediction APIs [C]//Proceedings of the 25th USENIX Conference on Security Symposium. 2016: 601-618.

[86] MAHO T, FURON T, LE MERRER E. SurFree: a fast surrogate-free black-box attack[C]//2021 IEEE/CVF Conference on Computer Vision and Pattern Recognition (CVPR). IEEE, 2021: 10425-10434.

[87] ANDRIUSHCHENKO M, CROCE F, FLAMMARION N, et al. Square attack: a query-efficient black-box adversarial attack via random search [C]// Computer Vision-ECCV 2020. Cham: Springer International Publishing, 2020: 484-501.

[88] WANG W X, YIN B J, YAO T P, et al. Delving into data: effectively substitute training for black-box attack[C]//2021 IEEE/CVF Conference on Computer Vision and Pattern Recognition (CVPR). IEEE, 2021: 4759-4768.

[89] GOODFELLOW I, POUGER-ABADIE J, MIRZA M, et al. Generative adversarial nets[C]//Advances in neural information processing systems. 2014: 2672-2680.

[90] PAPERNOT N, MCDANIEL P, GOODFELLOW I, et al. Practical black-box attacks against machine learning[C]//Proceedings of the 2017 ACM on Asia Conference on Computer and Communications Security. 2017: 506-519.

[91] TAN Z Y, JAMDAGNI A, HE X J, et al. A system for denial-of-service attack detection based on multivariate correlation analysis [J]. IEEE Transactions on Parallel and Distributed Systems, 2014, 25(2): 447-456.

[92] RUDD E M, ROZSA A, GÜNTHER M, et al. A survey of stealth

malware attacks, mitigation measures, and steps toward autonomous open world solutions[J]. IEEE Communications Surveys & Tutorials, 2017, 19(2): 1145-1172.

[93] SUAREZ-TANGIL G, TAPIADOR J E, PERIS-LOPEZ P, et al. Dendroid: a text mining approach to analyzing and classifying code structures in Android malware families [J]. Expert Systems with Applications, 2014, 41(4): 1104-1117.

[94] ABADI M, BARHAM P, CHEN J M, et al. TensorFlow: a system for large-scale machine learning[EB/OL]. 2016. https://arxiv.org/abs/1605.08695v2.

[95] ARJOVSKY M, BOTTOU L. Towards principled methods for training generative adversarial networks [C]//NIPS 2016 Workshop on Adversarial Training. 2016.

[96] SAMANGOUEI P, KABKAB M, CHELLAPPA R. Defense-GAN: protecting classifiers against adversarial attacks using generative models [EB/OL]. 2018. https://arxiv.org/abs/1805.06605v2.

[97] YU J, ZHANG B P, KUANG Z Z, et al. iPrivacy: image privacy protection by identifying sensitive objects via deep multi-task learning[J]. IEEE Transactions on Information Forensics and Security, 2017, 12(5): 1005-1016.

[98] ABADI M, CHU A, GOODFELLOW I, et al. Deep learning with differential privacy [C]//Proceedings of the 2016 ACM SIGSAC Conference on Computer and Communications Security. 2016: 308-318.

[99] XIE L Y, LIN K X, WANG S, et al. Differentially private generative adversarial network [EB/OL]. 2018. https://arxiv.org/abs/1802.06739v1.

[100] SONG L, MITTAL P. Systematic evaluation of privacy risks of machine learning models [C]//30th USENIX Security Symposium. 2021: 2615-2632.

[101]　YE J Y, MADDI A, MURAKONDA S K, et al. Enhanced membership inference attacks against machine learning models[C]//Proceedings of the 2022 ACM SIGSAC Conference on Computer and Communications Security. 2022: 3093-3106.

[102]　LIU L, WANG Y, LIU G Y, et al. Membership inference attacks against machine learning models via prediction sensitivity[J]. IEEE Transactions on Dependable and Secure Computing, 2023, 20(3): 2341-2347.

[103]　GOODFELLOW I, CHEN X Q. NIPS 2016 tutorial: generative adversarial networks [EB/OL]. 2016. https://arxiv.org/abs/1701.00160v4.

[104]　WANG G, HAO J X, MA J, et al. A new approach to intrusion detection using Artificial Neural Networks and fuzzy clustering[J]. Expert Systems with Applications, 2010, 37(9): 6225-6232.

[105]　LIN W C, KE S W, TSAI C F. CANN: an intrusion detection system based on combining cluster centers and nearest neighbors[J]. Knowledge-Based Systems, 2015, 78: 13-21.

[106]　LI Y H, XIA J B, ZHANG S L, et al. An efficient intrusion detection system based on support vector machines and gradually feature removal method[J]. Expert Systems with Applications, 2012, 39(1): 424-430.

[107]　CHEN Z Z, FU A M, ZHANG Y H, et al. Secure collaborative deep learning against GAN attacks in the Internet of Things[J]. IEEE Internet of Things Journal, 2021, 8(7): 5839-5849.

[108]　XU C G, REN J, ZHANG D Y, et al. GANobfuscator: mitigating information leakage under GAN via differential privacy[J]. IEEE Transactions on Information Forensics and Security, 2019, 14(9): 2358-2371.

[109]　AULD T, MOORE A W, GULL S F. Bayesian neural networks for Internet traffic classification[J]. IEEE Transactions on Neural

Networks, 2007, 18(1): 223-239.

[110] WILLIAMS N, ZANDER S, ARMITAGE G. A preliminary performance comparison of five machine learning algorithms for practical IP traffic flow classification [J]. ACM SIGCOMM Computer Communication Review, 2006, 36(5): 5-16.

[111] NGUYEN T T T, ARMITAGE G. A survey of techniques for Internet traffic classification using machine learning[J]. IEEE Communications Surveys & Tutorials, 2008, 10(4): 56-76.

[112] KIM H, CLAFFY K C, FOMENKOV M, et al. Internet traffic classification demystified: myths, caveats, and the best practices[C]// Proceedings of the 2008 ACM CoNEXT Conference on-CONEXT '08. 2008: 1-12.

[113] OHSAKI M, WANG P, MATSUDA K, et al. Confusion-matrix-based kernel logistic regression for imbalanced data classification[J]. IEEE Transactions on Knowledge and Data Engineering, 2017, 29(9): 1806-1819.

[114] CHIANG M, ZHANG T. Fog and IoT: an overview of research opportunities[J]. IEEE Internet of Things Journal, 2016, 3(6): 854-864.

[115] ZHANG M, DUAN Y, YIN H, et al. Semantics-aware Android malware classification using weighted contextual API dependency graphs [C]//Proceedings of the 2014 ACM SIGSAC Conference on Computer and Communications Security. 2014: 1105-1116.

[116] XU Y, WANG G J, REN J, et al. An adaptive and configurable protection framework against Android privilege escalation threats[J]. Future Generation Computer Systems, 2019, 92: 210-224.

[117] HOQUE N, BHATTACHARYYA D K, KALITA J K. Botnet in DDoS attacks: trends and challenges[J]. IEEE Communications Surveys & Tutorials, 2015, 17(4): 2242-2270.

[118] HOQUE N, KASHYAP H, BHATTACHARYYA D K. Real-time DDoS attack detection using FPGA[J]. Computer Communications, 2017, 110: 48-58.

[119] MATTA V, DI MAURO M, LONGO M. DDoS attacks with randomized traffic innovation: botnet identification challenges and strategies[J]. IEEE Transactions on Information Forensics and Security, 2017, 12(8): 1844-1859.

[120] ROSSOW C. Amplification hell: revisiting network protocols for DDoS abuse[C]//Proceedings 2014 Network and Distributed System Security Symposium. Internet Society, 2014.

[121] ANTONAKAKIS M, APRIL T, BAILEY M, et al. Understanding the mirai botnet [C]// 26th USENIX Security Symposium. 2017: 1093-1110.

[122] KRÄMER L, KRUPP J, MAKITA D, et al. AmpPot: monitoring and defending against amplification DDoS attacks[C]// Research in Attacks, Intrusions, and Defenses. Cham: Springer International Publishing, 2015: 615-636.

[123] THATTE G, MITRA U, HEIDEMANN J. Parametric methods for anomaly detection in aggregate traffic[J]. IEEE/ACM Transactions on Networking, 2011, 19(2): 512-525.

[124] BHUYAN M H, BHATTACHARYYA D K, KALITA J K. Network anomaly detection: methods, systems and tools [J]. IEEE Communications Surveys & Tutorials, 2014, 16(1): 303-336.

[125] YADAV S, REDDY A K K, NARASIMHA REDDY A L, et al. Detecting algorithmically generated malicious domain names [C]// Proceedings of the 10th ACM SIGCOMM Conference on Internet Measurement. 2010: 48-61.

[126] PLOHMANN D, YAKDAN K, KLATT M, et al. A comprehensive measurement study of domain generating malware[C]//Proceedings of

the 25th USENIX Conference on Security Symposium. 2016: 263-278.

[127] YAN K, SHEN W, JIN Q, et al. Emerging privacy issues and solutions in cyber-enabled sharing services: from multiple perspectives[J]. IEEE Access, 2019, 7: 26031-26059.

[128] CHRISTODORESCU M, JHA S, SESHIA S A, et al. Semantics-aware malware detection[C]//2005 IEEE Symposium on Security and Privacy (S&P05). IEEE, 2005: 32-46.

[129] CUI Z H, XUE F, CAI X J, et al. Detection of malicious code variants based on deep learning[J]. IEEE Transactions on Industrial Informatics, 2018, 14(7): 3187-3196.

[130] ZHU X J, FENG C Q, LAI H Y, et al. Predicting protein structural classes for low-similarity sequences by evaluating different features[J]. Knowledge-Based Systems, 2019, 163: 787-793.

[131] YUN X C, WANG Y P, ZHANG Y Z, et al. A semantics-aware approach to the automated network protocol identification[J]. IEEE/ACM Transactions on Networking, 2016, 24(1): 583-595.

[132] PASCANU R, STOKES J W, SANOSSIAN H, et al. Malware classification with recurrent networks[C]//2015 IEEE International Conference on Acoustics, Speech and Signal Processing (ICASSP). April 19-24, 2015, South Brisbane, QLD, Australia. IEEE, 2015: 1916-1920.

[133] GRAVES A. Supervised sequence labelling[M]//Supervised sequence labelling with recurrent neural networks. Berlin:Springer, 2012: 5-13.

[134] LI J, SUN L C, YAN Q B, et al. Significant permission identification for machine-learning-based Android malware detection [J]. IEEE Transactions on Industrial Informatics, 2018, 14(7): 3216-3225.

[135] DUFFIELD N, HAFFNER P, KRISHNAMURTHY B, et al. Rule-based anomaly detection on IP flows[C]//IEEE INFOCOM 2009. IEEE, 2009: 424-432.

[136] MOUSAVIAN M, CHEN J H, GREENING S. Feature selection and

imbalanced data handling for depression detection [C]// Brain Informatics. Cham: Springer International Publishing, 2018: 349-358.

[137] ALELYANI S, TANG J, LIU H. Feature selection for clustering: A review [M]. 2018: 29-60.

[138] TANG J, ALELYANI S, LIU H. Feature selection for classification: A review[J]. Data classification: Algorithms and applications, 2014: 37.

[139] MCCULLOCH W S, PITTS W. A logical calculus of the ideas immanent in nervous activity[J]. Bulletin of Mathematical Biology, 1990, 52(1/2): 99-115.

[140] HINTON G. Deep belief networks[J]. Scholarpedia, 2009, 4(5): 5947.

[141] 朱大奇, 史慧. 人工神经网络原理及应用 [M]. 北京:科学出版社, 2006.

[142] LIPPMANN R. An introduction to computing with neural nets[J]. IEEE ASSP Magazine, 2003, 4(2): 4-22.

[143] BAYDIN A G, PEARLMUTTER B A, RADUL A A, et al. Automatic differentiation in machine learning: a survey[J]. Journal of Machine Learning Research, 2017, 18(1): 5595-5637.

[144] ANIL R, PEREYRA G, PASSOS A, et al. Large scale distributed neural network training through online distillation [EB/OL]. 2018. https://arxiv.org/abs/1804.03235v2.

[145] DWORK C. Differential privacy: a survey of results[C]// Theory and Applications of Models of Computation. Berlin, Heidelberg: Springer Berlin Heidelberg, 2008: 1-19.

[146] URBAN G, BENDSZUS M, HAMPRECHT F, et al. Multi-modal brain tumor segmentation using deep convolutional neural networks [J]. MICCAI BraTS (brain tumor segmentation) challenge. Proceedings, winning contribution, 2014: 31-35.

[147] BOIA R, DOGARU R, FLOREA L. A comparison of several classifiers for eye detection on emotion expressing faces[C]//2013 4th International Symposium on Electrical and Electronics Engineering (ISEEE). IEEE,

2013: 1-6.

[148] MEHETREY P, SHAHRIARI B, MOH M. Collaborative ensemble-learning based intrusion detection systems for clouds[C]//2016 International Conference on Collaboration Technologies and Systems (CTS). IEEE, 2016: 404-411.

[149] LIU T L, TAO D C. Classification with noisy labels by importance reweighting[J]. IEEE Transactions on Pattern Analysis and Machine Intelligence, 2016, 38(3): 447-461.

[150] MALHOTRA P, VIG L, SHROFF G, et al. Long short term memory networks for anomaly detection in time series[C]. Proceedings. Presses universitaires de Louvain, 2015, 89.

[151] LIN J, YU W, ZHANG N, et al. A survey on Internet of Things: architecture, enabling technologies, security and privacy, and applications[J]. IEEE Internet of Things Journal, 2017, 4(5): 1125-1142.

[152] SAHINGOZ O K, BUBER E, DEMIR O, et al. Machine learning based phishing detection from URLs[J]. Expert Systems with Applications, 2019, 117: 345-357.

[153] ABDELHAMID N, THABTAH F, ABDEL-JABER H. Phishing detection: a recent intelligent machine learning comparison based on models content and features[C]//2017 IEEE International Conference on Intelligence and Security Informatics (ISI). IEEE, 2017: 72-77.

[154] BOTTOU L, CURTIS F E, NOCEDAL J. Optimization methods for large-scale machine learning[J]. SIAM Review, 2018, 60(2): 223-311.

[155] SCHÜPPEN S, TEUBERT D, HERRMANN P, et al. FANCI: Feature-based automated nxdomain classification and intelligence[C]. 27th USENIX Security Symposium (USENIX Security 18). 2018: 1165-1181.

[156] ALARCÓN-PAREDES A, ALONSO G A, CABRERA E, et al.

Simultaneous gene selection and weighting in nearest neighbor classifier for gene expression data[C]. International Conference on Bioinformatics and Biomedical Engineering. 2017: 372-381.

[157] CAMENISCH J, HOHENBERGER S, KOHLWEISS M, et al. How to win the clonewars: efficient periodic n-times anonymous authentication [C]//Proceedings of the 13th ACM Conference on Computer and Communications Security. 2006: 201-210.

[158] VERMA N K, SEVAKULA R K, THIRUKOVALLURU R. Pattern analysis framework with graphical indices for condition-based monitoring [J]. IEEE Transactions on Reliability, 2017, 66(4): 1085-1100.

[159] WOLINSKY D I, CORRIGAN-GIBBS H, FORD B, et al. Dissent in numbers: Making strong anonymity scale [C]. Presented as part of the 10th USENIX Symposium on Operating Systems Design and Implementation (OSDI 12). 2012: 179-182.

[160] SHOKRI R, SHMATIKOV V. Privacy-preserving deep learning[C]// Proceedings of the 22nd ACM SIGSAC Conference on Computer and Communications Security. 2015: 1310-1321.

[161] YAN X D, CUI B J, XU Y, et al. A method of information protection for collaborative deep learning under GAN model attack[J]. IEEE/ACM Transactions on Computational Biology and Bioinformatics, 2021, 18(3): 871-881.

[162] ZHANG Y H, DENG R H, ZHENG D, et al. Efficient and robust certificateless signature for data crowdsensing in cloud-assisted industrial IoT[J]. IEEE Transactions on Industrial Informatics, 2019, 15(9): 5099-5108.

[163] DAHL G E, STOKES J W, DENG L, et al. Large-scale malware classification using random projections and neural networks[C]//2013 IEEE International Conference on Acoustics, Speech and Signal Processing. IEEE, 2013: 3422-3426.

[164] BAYER U, COMPARETTI P M, HLAUSCHEK C, et al. Scalable, behavior-based malware clustering [C]. NDSS. 2009, 9: 8-11.

[165] SINCLAIR C, PIERCE L, MATZNER S. An application of machine learning to network intrusion detection [C]//Proceedings 15th Annual Computer Security Applications Conference (ACSAC'99). IEEE, 2002: 371-377.

[166] KWON D, KIM H, KIM J, et al. A survey of deep learning-based network anomaly detection [J]. Cluster Computing, 2019, 22 (1): 949-961.

[167] CHALAPATHY R, CHAWLA S. Deep learning for anomaly detection: a survey[EB/OL]. 2019. https://arxiv.org/abs/1901.03407v2.

[168] RADFORD A, METZ L, CHINTALA S, et al. Unsupervised representation learning with deep convolutional generative adversarial networks[EB/OL]. 2015. https://arxiv.org/abs/1511.06434v2.

[169] CRUZ-ROA A A, AREVALO OVALLE J E, MADABHUSHI A, et al. A deep learning architecture for image representation, visual interpretability and automated basal-cell carcinoma cancer detection[C]// Medical Image Computing and Computer-Assisted Intervention-MICCAI 2013. Berlin: Springer Berlin Heidelberg, 2013: 403-410.

[170] FAKOOR R, LADHAK F, NAZI A, et al. Using deep learning to enhance cancer diagnosis and classification [C]. Proceedings of the international conference on machine learning. New York: ACM, 2013, 28.

[171] LIANG M X, LI Z Z, CHEN T, et al. Integrative data analysis of multi-platform cancer data with a multimodal deep learning approach[J]. IEEE/ACM Transactions on Computational Biology and Bioinformatics, 2015, 12(4): 928-937.

[172] DANAEE P, GHAEINI R, HENDRIX D A. A deep learning approach for cancer detection and relevant gene identification [J]. Pacific

Symposium on Biocomputing, 2017, 22: 219-229.

[173] BENGIO Y. Learning deep architectures for AI[J]. Foundations and Trends® in Machine Learning, 2009, 2(1): 1-127.

[174] GRAVES A, MOHAMED A R, HINTON G. Speech recognition with deep recurrent neural networks[C]//2013 IEEE International Conference on Acoustics, Speech and Signal Processing. IEEE, 2013: 6645-6649.